재미있는
과학교실
2

원리를 알면 과학이 쉽다

재미있는
과학교실
2

원리를 알면
과학이 쉽다

송은영 지음

새날

원리를 알면 과학이 쉽다 2

2005년 8월 17일 발행

지은이 | 송은영

펴낸이 | 박준기

펴낸곳 | 도서출판 새날

출판 등록 | 1988년 1월 7일   등록 번호 | 제 10-179호

주소 | 서울특별시 관악구 봉천3동 7-186 2층

전화 | 02) 884-8459(대표)   팩스 | 02) 884-8462

값 7,000원

잘못된 책은 구입하신 곳에서 바꿔 드립니다.

ISBN 89-85726-62-5 44400

ISBN 89-85726-60-9 (전3권)

이 책을 읽는 분들께

여러분!

'과학' 하면 생각나는 것들이 무엇인가요? '골치아프고, 어렵고, 딱딱한 과목이다.' 이런 것들입니까?

맞습니다. 지금까지 여러분들은 잘못된 입시제도 때문에 무턱대고 공식을 외우고, 정답을 외우고, 심지어 문제까지 외워서 시험을 친 사람도 있을 것입니다. 그러니 과학이 어렵고 재미없고 골치아플 수밖에요. 과학이 어디 한두 과목입니까? 물리, 화학, 생물, 지구과학, 등등. 그리고 또 공식이나 법칙은 어떻습니까? 아마 한 과목당 수십, 수백 개씩은 될 것입니다. 이것들을 여러분이 어떻게 다 머리속에 암기할 수 있겠습니까? 아마 아인슈타인이나 에디슨 같은 천재들도 할 수 없을 거예요. 또 공식만 외운다고 문제가 풀어집니까? 생각처럼 안 되지요?

그렇습니다.

그런데 이제 어떻습니까? 입시제도가 올바른 방향으로 개선되어 가고 있습니다. 더불어서 학교 교육도 과거보다는 바람직한 쪽으로 바뀌어지고 있습니다. 이제 과거처럼 교과서 한 권만 무조건 외운다고 공부를 잘하는 시대가 아닙니다. 물론 대학에 가고 시험치기 위해서만 공부하는 것도 아니지요. 앞으로 많은 독서를 통해서 사고력과 응용력을 키우지 않고서는 대학입시든 사회생활이든 잘할 수 없는 시대가 오고 있습니다.

이 책은 바로 이러한 시대적 흐름에 맞추어 과학과목에 대한 새로운 형태의 읽을거리로 2년에 걸쳐 세 권으로 만들어졌습니다.

• 이 책의 내용과 구성

이 책은 물리, 화학, 생물, 지구과학 등 기초과학 분야에서 골라 뽑은 주요한 내용들을 알기 쉽고 재미있게 소개하고 있습니다.

이 책은 다음과 같이 구성되어 있습니다.

먼저 과학의 전 과목에서 선별한 주요한 내용들을 이해하기 쉽도록 이와 관련된 재미있는 일화나 역사적 사실들을 〈이야기〉형식으로 소개했습니다. 이 〈이야기〉들은 과학자들이 어떻게 생각하고, 어떤 과정을 거쳐 위대한 법칙을 발견하고 혹은 발명했는지를 재미있게 소개하는 내용입니다.

다음으로 〈사고하기〉에서는 앞의 이야기로부터 알아야 할 과학적 내용을 좀더 직접적이고 구체적으로 설명하고 있습니다. 수업시간에 배우는 내용들을 좀더 재미있고 쉽게 이해할 수 있도록 했습니다.

그 다음에는 〈탐구하기〉가 나옵니다. 여기에서는 〈이야기〉와 〈사고하기〉에서 이해하고 배운 지식들을 근거로 해서 만든 응용문제를 자세한 풀이와 함께 실었습니다. 이 문제들은 대입 수학능력시험 문제와 같은 형식으로써 시험에 대한 훈련과 적응능력을 길러 줄 것입니다.

그리고 마지막으로 〈좀더 알아봅시다〉에서는 앞에서 직접적으로 언급하지는 않았지만 관련된 내용들 중 알아 두면 좋은 것들을 정리해 두었습니다.

• 이 책을 읽는 방법

이 책은 폭넓은 독자들을 대상으로 만들었습니다. 중·고등학생뿐 아니라 국민학생 나아가 일반인까지도 읽을 수 있습니다.

먼저 중·고등학생은 가능한 한 모든 항목을 다 읽고 이해할 수 있으면 더 바랄 것이 없습니다. 그렇지만 혹시 어렵다고 느끼는 사람들은 〈이야기〉와 〈사고하기〉만을 읽고 이해해도 학습에 큰 도움이 될 것입니다.

그리고 국민학생들은 〈이야기〉만을 읽고 이해할 수 있어도 과학에 매우 소질이 있는 학생입니다. 자신의 능력에 맞는 부분과 관심있는 내용만 골라 읽어도 좋은 독서가 될 것입니다.

여러분들은 이 책에서 너무 많은 지식을 얻으려고 하지 마세요. 물론 그것도 중요하지만, 그것보다는 우선 과학이 지금까지 생각했던 것처럼 재미없고 어려운 과목이 아니라는 것, 과학은 무조건 외우는 과목이 아니라는 사실을 깨우치는 것만으로도 이 책을 읽는 보람이 있습니다.

머리속으로 외쳐 보세요.

'과학은 재미있고 쉽다, 그리고 과학은 무조건 외우는 과목이 아니고 생각하면서 이해하는 과목이다!'

끝으로 이 조잡한 원고가 책으로 되어 나오기까지 많은 수고를 아끼지 않은 도서출판 새날 가족 여러분들에게 감사합니다. 그리고 주변의 모든 사람들과 함께 이 조그만 기쁨을 나누고 싶습니다.

1994년 4월
지은이

원리를 알면 과학이 쉽다 · 2 · 차례

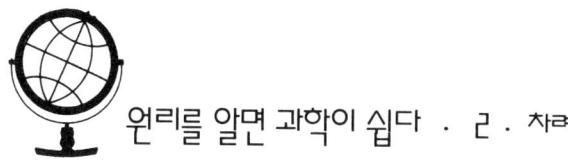

원리를 알면 과학이 쉽다 · 2 · 차례

원리를 알면 과학이 쉽다 / 1권 차례

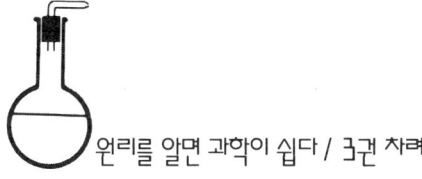

원리를 알면 과학이 쉽다 / 3권 차례

첫째마당

빛의 세계

태우는 거울
― 거울의 성질 ―

 이야기

  아르키메데스의 고향인 시라쿠사로 적군이 쳐들어오고 있었습니다. 그런데 적군은 육로가 아니라 바다를 이용하였습니다.

  이 당시 아르키메데스는 군사 전문가로 적군의 공격을 차단해야 할 막중한 임무가 있었습니다.

  아르키메데스는 어떻게 하면 적군의 상륙을 봉쇄할 수 있을 것인지 몇 날 며칠을 두고 고민했습니다. 적군의 배가 점점 육지로 가까이 다가오자 병사들이 웅성거리면서 당황하기 시작했습니다.

  "이거 지금이라도 당장 도망가야 하는 게 아닌지 모르겠네."

  이때 아르키메데스가 명령했습니다.

  "거울과 나무틀을 준비해라."

  전투에는 조금도 도움이 될 것 같지 않은 거울과 나무틀을 준비하라는 아르키메데스의 명령에 병사들은 의아해하지 않을 수 없었습니다.

  아르키메데스는 준비된 거울을 나무틀에 고정시켰습니다. 그 다음 그는 이것을 적군의 배 쪽으로 향하게 했습니다.

이때까지도 병사들은 아르키메데스의 의도를 알아채지 못했습니다. 잠시 후 병사들의 입에서는 탄성이 나오기 시작했습니다. 적군의 배가 불타기 시작했기 때문입니다.

이 거울은 태양에서 방출되는 태양 광선을 모을 수 있도록 설계되었을 뿐만 아니라 다시 이것을 방출할 수 있도록 만들어졌던 것입니다. 그래서 이 거울로부터 반사된 태양 광선을 받게 된 적군의 배는 뜨거운 열 때문에 불탈 수밖에 없었던 것입니다.

 사고하기

일반적으로 빛이라고 하면 대부분의 사람들은 태양 빛을 생각합니다. 그리고 어떤 사람들은 그것이 빛의 전부인 양 생각하기도 합니다.

그러나 그것이 모든 빛의 전부라고 할 수는 없습니다. 우주 안의 수많은 별들도 태양과 같은 빛을 방출하고 있기 때문입니다. 그래서 좀더 넓은 의미의 개념으로서 빛을 정의한다면 빛과 같은 성질을 지닌 모든 복사선이라고 할 수 있습니다.

그럼에도 불구하고 우리들은 태양 빛이 빛의 전부인 양 생각하는 데는 그만한 이유가 있습니다. 즉 태양 빛은 지구의 모든 에너지의 근원이 되기 때문입니다.

예를 들면 지구상에 존재하는 대부분의 식물들은 태양 빛 에너지를 이용해 광합성 작용을 하면서 생명을 유지해 나가고 있습니다.

인간의 기술이 발달함에 따라서 이제는 석탄이나 석유와 같은 연료를 사용하지 않고 태양 빛을 에너지로 사용할 수 있는 단계에까지 이르렀습니다.

광합성도 태양 빛 에너지도 중요하지만 가장 중요한 것은 빛으로 인해 사물을 볼 수 있다는 사실입니다. 사랑하는 사람의 얼굴이나 아름다운 자연의 경치를 볼 수 있는 것은 모두 빛이 존재하기 때문입니다. 만약 빛이 존재하지 않는다면 다이아몬드의 아름다운 광채를 느끼지 못할 것이고, 불타는 듯한 가을 단풍에 흠뻑 빠져들 수도 없을 것이며, 눈이 하얗다는 것 또한 전혀 인식하지 못할 것입니다.

이것이 다 빛의 덕분입니다. 그러나 빛이 존재한다고 해서 물체를 볼 수 있는 것은 절대로 아닙니다. 빛에는 여러 가지 성질이 있는데 이것의 복합작용으로 물체의 상을 볼 수 있는 것입니다.

한 광원으로부터 방출된 빛은 여러 방향으로 퍼져 가는데 어떤 곳에서는 직진하거나 반사하고 또 어떤 곳에서는 꺾입니다. 이런 빛의 성질 중에서 빛의 반사에 대해서 한번 알아봅시다.

우리가 물체를 볼 수 있는 것은 그 물체가 빛을 반사시키기 때문입니다. 만약 어떤 물체가 빛을 반사시키지 않는다면 그 물체는 투명한 물체가 되는 것입니다. 유리가 투명한 이유는 바로 빛을 많이 반사시키지 않기 때문입니다.

물체가 빛을 반사하는 데에는 일정한 규칙이 있는데 이것을 반사의 법칙이라고 합니다.

금속의 표면과 같이 광택이 나는 매끄러운 표면에 빛이 입사해서 부딪히면 그 빛은 반사하게 됩니다.

이때 금속 표면을 향해서 직진해 들어온 빛을 입사광, 금속 표면으로부터 반사되어 나간 빛을 반사광이라고 합니다. 그리고 입사광선이 금속의 표면에 대해 수직하게 그은 수직선과 이루는 각을 입사각, 반사광선이 금속의 표면에 대해 수직하게 그은 수직선과 이루는 각을 반사각이라고 합니다.

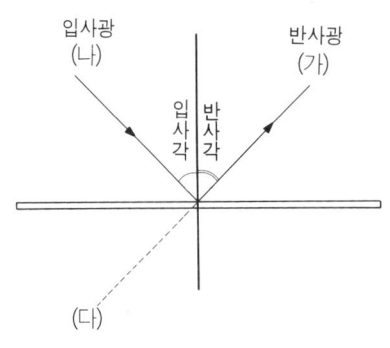

이때 빛의 입사각과 반사각의 크기는 똑같으며 입사광선, 반사광선, 그리고 금속의 표면에 수직하게 그은 수직선은 동일한 평면 내에 존재하게 됩니다. 이 법칙을 일컬어 빛의 반사 법칙이라고 합니다.

그러나 대부분의 사람들은 자신이 보는 빛이 반사되어 나온다는 사실을 쉽게 깨닫지 못하고 있습니다.

예를 들면 그림에서처럼 가)의 위치에 있는 사람이 물체의 빛을 느끼는 경우 이 사람은 이 빛이 나)의 위치에서 날아와 물체로부터 반사된 빛이라고 생각하지 않고, 가)의 위치에서 반사된 빛이 날아온 쪽으로 곧게 연장한 (다)의 위치로부터 빛이 나온다고 생각합니다.

이것은 착각이죠.

빛의 반사에는 난반사라고 하는 것이 있습니다. 이것은 빛을 반사하는 표면이 매끄럽지 않기 때문에 생기는 현상입니다. 표면이 매끄럽지 못한 면에 빛이 입사하는 경우에도 표면은 빛을 반사합니다. 그렇지만 이 경우에는 빛이 표면으로부터 규칙적으로 반사되지 않고 불규칙하게 여기저기 마구잡이로 반사합니다. 이런 반사를 난반사라고 하며 반사된 빛을 산란광이라고 합니다.

대부분의 물체들은 표면이 완벽하게 매끄럽지 못한 관계로 난반사를 합니다. 그렇기 때문에 모든 방향에서 물체를 볼 수 있는 것입니다. 만약 물체의 표면이 완전히 매끄러워 그 물체가 단지 한 방향만으로만 반사를 허용할 때 이 물체는 그쪽 방향에서만 볼 수가 있습니다.

빛의 반사에 대한 현상을 고려할 경우 일반적으로 사용하는 광학 재료는 거울입니다. 뒤에서 알게 되겠지만 빛의 굴절 현상을 관찰할 경우 널리 이용되고 있는 광학 재료는 렌즈입니다.

거울의 종류로는 크게 평면거울, 볼록거울, 오목거울이 있습니다.

먼저 평면거울에 대해서 알아보도록 하겠습니다.

평면거울이란 거울의 면이 휘어지지 않고 곧은 것을 말합니다. 이 거울에 빛이 입사했다면 그 빛은 반사의 법칙에 따라서 빛을 반사할 것입니다.

그리고 이 반사된 빛을 연장한 직선상의 거울 뒤에 상이 나타나게 됩니다. 이 위치는 물체에서 거울까지의 떨어진 직선 거리와 같습니다.

거울 뒷면에 나타나는 상이 바로 거울에 나타나는 상입니다. 실제로 거울을 바라보십시오. 당신의 모습이 어디에 나타납니까? 거울의 저 안쪽에 나타나지 않나요?

이와 같이 빛이 직접 도달하지 못하고 반사된 빛을 연장한 직선 위에 나타난 상을 허상이라고 합니다. 이와는 대조적으로 빛이 상을 통과해 나갈 수 있다면 이것을 벽이나 스크린 위에 맺히게 만들 수가 있는데 이렇게 해서 만들어지는 상을 실상이라고 합니다.

그런데 평면거울에 의해서 만들어지는 허상은 그 크기가 물체의 크기와 똑같으며 좌우가 대칭인 상입니다.

거울에 나타난 자신의 모습을 다시 한번 바라보세요. 단지 왼손과 오른손의 위치만 바뀌지 않았나요? 그리고 상이 똑바로 서지 않았나요?

따라서 평면거울에 나타나게 되는 물체의 상은 정립 허상임을 알 수 있습니다.

정립이란 똑바로 선 것을 말하며, 반대로 도립이란 거꾸로 뒤집혀진 것을 말합니다.

그러면 이번에는 면이 평평하지 않은 거울을 알아보겠습니다.

오목거울이나 볼록거울처럼 표면이 둥근 거울을 구면거울이라고 합니다.

구면거울은 거울로부터 떨어진 물체의 위치에 따라서 만들어지는 상의 크기와 형태가 다릅니다. 즉 어떤 경우에는 상의 크기가 물체의 크기에 비해서 작아지기도 하고 커지기도 하

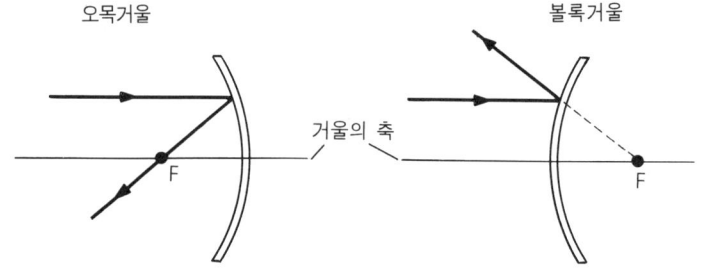

며, 실상이 생길 때도 있고 허상이 생길 때도 있습니다.

그렇다면 빛이 구면거울에 어떠한 상을 어떻게 맺히게 하는

지 방법을 알아봅시다.

첫째, 오목거울의 축에 나란히 입사한 광선은 반사된 후 거울의 초점(F)을 지나게 되고, 볼록거울의 축에 나란히 입사한 광선은 반사된 후 초점에서 나온 것처럼 반사됩니다.

둘째, 거울의 초점을 지난 광선은 반사된 후 거울의 축에 평행하게 나아갑니다.

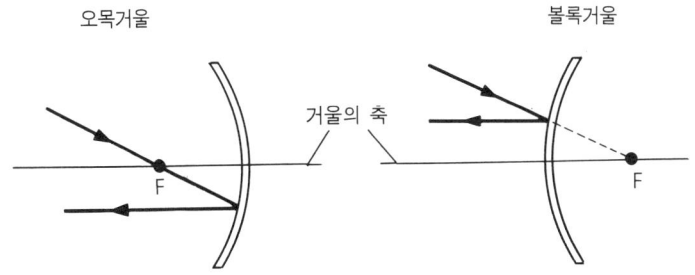

셋째, 거울의 중심 즉 구심(C)을 지난 광선은 반사된 후 또다시 그 길을 되돌아옵니다.

물체의 상의 크기를 배율이라고 하는데 거울에서 물체까지의 거리를 a, 거울에서 상까지의 거리를 b라고 할 경우 배율은 $\frac{b}{a}$가 됩니다.

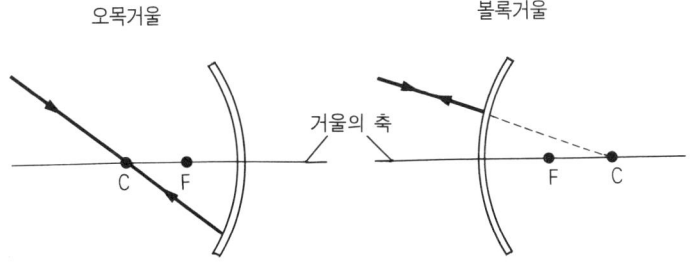

그러므로 물체까지의 거리 a가 거울에서 상까지의 거리 b보

다 작으면 물체의 상은 실제 물체의 크기보다 더 커졌다, 즉 확대되었다는 것을 알 수 있습니다. 반대로 물체까지의 거리 a가 거울에서 상까지의 거리 b보다 크면 물체의 상은 실제 물체의 크기보다 더 작아졌다, 즉 축소되었다는 것을 알 수 있습니다.

 탐구하기

문 그리스에서는 올림픽이 열리기 몇 달 전부터 성화 채화식이 엄숙하게 거행됩니다. 이 광경은 지구촌 곳곳에 텔레비전을 통해 중계되는데 이때 아름다운 선녀 복장의 여인이 성화 채화봉을 오목한 모양의 거울에 갖다 대면 잠시 후 채화봉에 불이 붙게 됩니다.

그러면 성화 채화봉을 오목거울의 어느 위치에 갖다 대어야만 채화봉에 불이 가장 빠르게 붙을까요?

ㄱ) 성화 채화봉을 오목거울의 어느 곳에 대어도 불은 같은 시각에 붙게 된다.

ㄴ) 성화 채화봉을 오목거울의 한가운데에 대어야만 한다.

ㄷ) 성화 채화봉을 오목거울의 맨 가장자리에 댄다.

ㄹ) 성화 채화봉을 오목거울로부터 성화 채화봉의 길이만큼 떨어진 곳에 댄다.

ㅁ) 성화 채화봉을 오목거울의 초점에 댄다.

답 오목거울로부터 반사된 빛이 모이는 곳에 성화 채화봉을 갖다 대어야만 가장 빨리 불이 붙게 될 것입니다.

그러므로 성화 채화봉을 초점의 위치에 놓아야만 가장 빠른 시간에 불이 붙을 수 있다는 사실을 알 수 있겠죠!

따라서 정답은 ㅁ)입니다.

문 대공원에 놀러 간 인한이가 '거울의 집'에 들어갔습니다. 그곳에는 여러 가지의 거울이 있었습니다.

어떤 거울은 인한이의 몸을 세상에서 가장 뚱뚱한 사람으로 만들기도 했고, 또 어떤 거울은 인한이를 세상에서 가장 키 큰 사람으로 만들기도 했습니다.

'거울의 집'에서 이 거울 저 거울을 쳐다보던 인한이가 오른쪽 그림과 같은 오목거울 앞에 섰습니다.

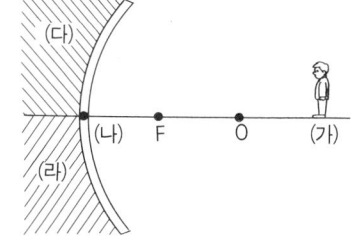

과연 인한이의 상은 어디에 생기게 될까요?

단, O는 이 오목거울의 구심이고, F는 이 오목거울의 초점입니다.

ㄱ) 상은 (가)와 O 사이에 생기게 된다.

ㄴ) 상은 O와 F 사이에 생기게 된다.

ㄷ) 상은 F와 (나) 사이에 생기게 된다.

ㄹ) 상은 (다) 부분의 어느 한 곳에 생기게 된다.

ㅁ) 상은 (라) 부분의 어느 한 곳에 생기게 된다.

답 물체의 상이 생기는 위치는 이 거울에 반사되어 나오는 빛이 모이는 곳이 되겠죠!

상을 그려 보세요?

평행하게 입사한 빛은 반사되어 초점을 지나게 되겠죠. 그

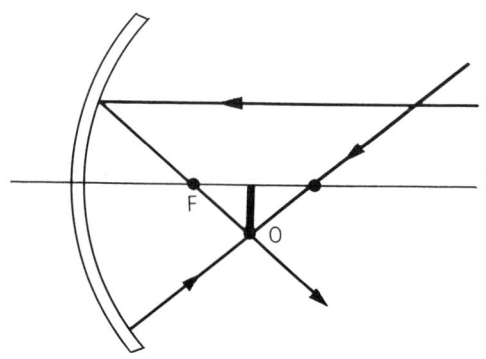

리고 구심을 지난 빛은 반사되어 구심을 지나오겠죠.

그러니 이 두 광선이 만나는 위치인 구심과 초점 사이에 상이 생기게 될 것입니다.

● 좀더 알아봅시다

구면거울에는 축 위에 있는 물체와 상의 위치, 크기, 초점 거리, 상의 배율을 알 수 있는 식이 있습니다. 이것을 구면거울의 공식이라고 합니다.

거울에서 물체까지의 거리를 a, 거울에서 상까지의 거리를 b, 거울의 초점 거리를 f, 거울의 구심 즉 곡률 반경을 r이라 하면 구면거울의 공식은 다음과 같습니다.

$$\frac{1}{a} + \frac{1}{b} = \frac{1}{f} = \frac{2}{r}$$

이 공식은 오목거울과 볼록거울에 모두 적용할 수 있습니다. 그런데 여기서 주의할 점이 있습니다.

이것은 초점 거리의 부호에 관한 것으로서 오목거울에서는 초점 거리 f가 양(+)인데, 볼록거울에서는 초점 거리 f가 음

24

(−)이라는 점입니다.

　또한 상이 실상이냐 허상이냐에 따라서 b의 값이 달라지는데 b의 값이 양(+)이면 실상이 되어 거울 앞에 상이 생기게 되고, b의 값이 음(−)이면 허상이 되어 거울 뒤에 상이 생기게 됩니다.

교회 탑이 가깝게 보여요
— 볼록렌즈와 오목렌즈 —

 이야기

16세기경 네덜란드에는 안경점을 경영하는 한스라는 사람이 있었습니다.

어느 날 한스는 일을 하기 위해 자신의 작업장 문을 여는 순간 깜짝 놀랐습니다. 사람처럼 생긴 검은 물체가 그 안에 있었기 때문입니다.

한스는 그 검은 물체의 정체를 알아보기 위해 작업장의 불을 켰습니다. 검은 물체를 바라본 한스는 안도의 한숨을 쉬었습니다. 그 검은 물체는 바로 자신의 아들이었기 때문입니다.

한스는 아들에게 물어 보았습니다.

"아니, 얘야, 여기에서 뭘 하고 있니?"

"렌즈를 가지고 놀고 있었어요."

아들은 대답했습니다.

"그런데 좀 이상한 현상이 일어나던데요."

"어떤 현상인데?"

"제가 렌즈 두 개를 띄워 놓은 상태로 교회의 탑을 보았더니 교회탑이 가깝게 보이더라구요."

"너 지금 무슨 말을 하니? 그런 일은 있을 수 없단다. 네 눈이 나빠진 것 같으니 당장 시력 검사를 해서 안경을 써야겠다.”

“그게 아니에요, 정 믿지 못하시겠다면 아버지가 이 두 개의 렌즈로 교회의 탑을 한번 보실래요?”

한스는 내키지 않았지만 아들의 성화에 못이겨 아들이 장치해 놓은 렌즈로 교회의 탑 꼭대기를 보았습니다. 그랬더니 이게 어찌된 일입니까? 아들의 말이 옳았던 것입니다. 한스는 당황했습니다.

“아니, 이게 어떻게 된 일이지. 내 눈이 잘못된 건가?”

한스는 자신의 눈이 나빠진 것이 아닌가 해서 몇 번이나 두 눈을 비빈 뒤 교회의 탑을 바라보았습니다. 교회의 탑은 멀리 떨어져 있었습니다.

“내 눈은 나빠지지 않았는데…….”

한스는 렌즈로 교회 탑을 또다시 바라보았습니다. 그러나 역시 바뀐 것은 하나도 없었습니다. 한스는 간격을 벌려 놓은 두 개의 렌즈 사이에 어떤 비밀이 숨겨져 있으리라는 의문을 품게 되었습니다.

한스는 렌즈의 간격을 좁혔다 넓혔다 하거나 볼록렌즈와 오목렌즈의 위치를 앞뒤로 바꾸어 가면서 교회의 탑을 바라보았습니다. 그랬더니 교회의 탑이 똑바로 보이기도 했고, 거꾸로 보이기도 했습니다. 이것은 한스가 망원경을 발명하게 된 계기가 되었습니다.

 사고하기

평면유리의 면에 빛을 수직으로 입사시키면 빛은 거의 굴절됨이 없이 거울을 빠져 나옵니다. 즉 빛은 유리에 입사할 때

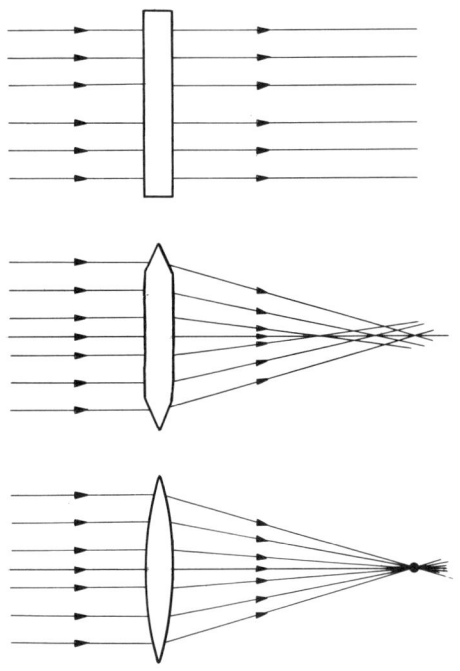

깎여진 유리 표면에 대해 빛이 굴절하는 정도

와 똑같이 평행하게 다시 직진해 나아갑니다.

그렇지만 평면유리의 주변을 곡면이 되게 깎으면 평행하게 입사한 빛이라도 굴절되어 꺾여지게 됩니다.

그리고 평면유리의 표면을 점점 더 매끄럽게 깎으면 꺾여 나가는 빛의 폭 또한 그만큼 좁아집니다. 그러다가 유리의 표면이 매끄러운 곡면으로 깎여지면 굴절된 빛이 한 점에 모일 수 있게 됩니다.

이처럼 유리와 같이 투명한 물질의 표면을 매끄럽게 갈아서 직진하는 빛을 모으거나 발산시켜 광학적인 상을 맺히게 하는 구면 형태의 장치를 렌즈라고 합니다.

렌즈에는 가운데 부분이 두꺼운 볼록렌즈와 테두리 부분이
두꺼운 오목렌즈가 있습니다. 그런데 이 두 렌즈의 역할은 각
각 전혀 다릅니다. 즉 볼록렌즈는 빛을 모으는 작용을 하지만
오목렌즈는 빛을 발산시키는 작용을 합니다.

볼록렌즈와 오목렌즈에는 각각 고유한 초점(F)이 있는데 이
초점을 중심으로 해서 빛이 모아지고 발산하게 됩니다.

즉 빛이 볼록렌즈의 광축에 대해 평행하게 입사하면 빛은 렌
즈를 통과해 안쪽으로 굴절하게 되는데, 이 굴절된 빛은 볼록
렌즈의 광축 위에 존재하는 초점을 지나게 됩니다. 그리고 빛
이 오목렌즈의 광축에 평행하게 입사하면 빛은 렌즈를 통과해
바깥쪽으로 굴절하게 되는데, 이 굴절된 빛은 오목렌즈의 광축
위에 존재하는 초점에서 방출된 것처럼 발산하게 됩니다.

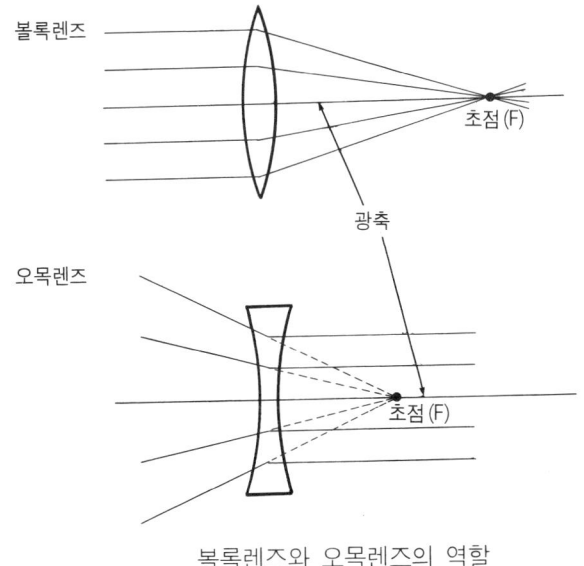

볼록렌즈와 오목렌즈의 역할

그러면 렌즈를 향해 다양한 방향으로 돌진하는 빛이 렌즈를 통과한 후 어떻게 굴절되는지 그 작동하는 방법에 대해서 간략하게나마 알아봅시다.

먼저 볼록렌즈의 경우에 대해서 알아볼까요?

첫째, 빛이 렌즈의 광축에 대해서 평행하게 입사하면 이 빛은 굴절 후 반드시 광축 위의 초점을 지납니다.

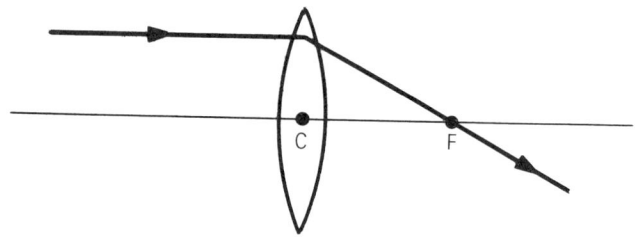

둘째, 렌즈의 중심(C)을 지나는 빛은 굴절하지 않고 그대로 직진합니다.

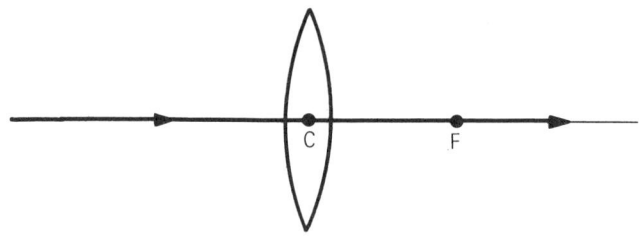

셋째, 렌즈의 초점을 지난 빛은 굴절 후 반드시 광축에 평행하게 나아갑니다.

이번에는 오목렌즈의 경우에 대해서 알아볼까요?

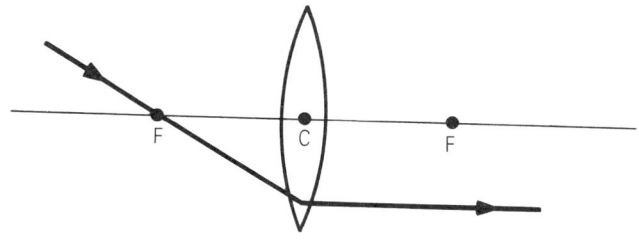

첫째, 빛이 렌즈의 광축에 대해서 평행하게 입사하면 이 빛은 광축 위의 한 점, 즉 초점에서 나온 것처럼 나아갑니다.

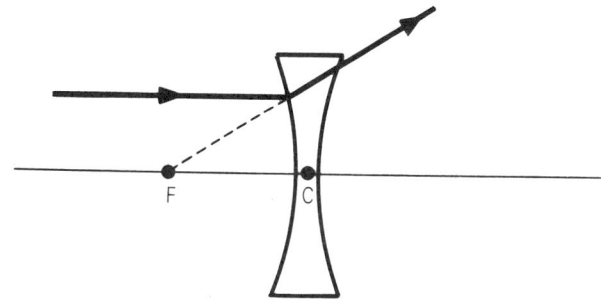

둘째, 볼록렌즈와 마찬가지로 오목렌즈에서도 렌즈의 중심(C)을 지나는 빛은 굴절하지 않고 그대로 직진합니다.

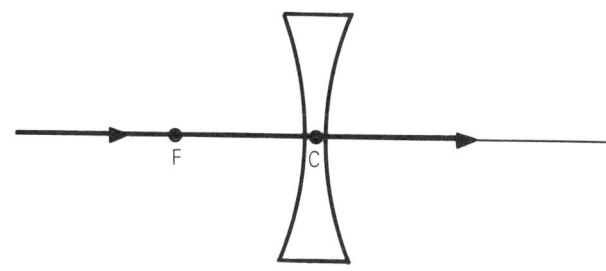

셋째, 렌즈의 초점을 향해 입사한 빛은 굴절 후 반드시 광축에 평행하게 나아갑니다.

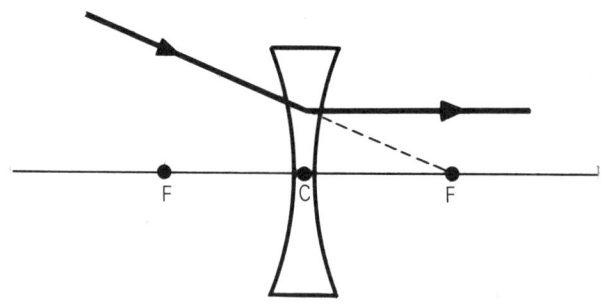

이외에 렌즈는 빛의 굴절에 대해서 또 다른 특징을 가지고 있습니다. 이것은 렌즈의 대칭적인 특징이라고 볼 수 있습니다.

렌즈의 왼쪽 두께와 오른쪽 두께가 같은 경우는 말할 것도 없고, 양쪽의 두께가 다를지라도 렌즈를 통과해서 굴절된 빛이 렌즈의 중심으로부터 초점까지 모이게 되는 거리, 즉 초점거리는 똑같습니다.

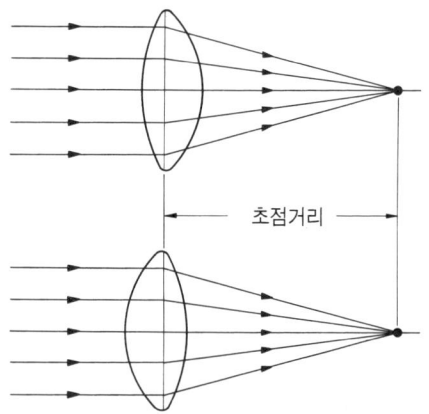

초점거리

렌즈가 맺는 상은 렌즈의 주변을 지나는 광선보다 렌즈의 중심 부분을 지나는 광선일 경우에 더 명확합니다. 그런데 렌즈를 통과한 빛이 한 점에 모이지 않아 선명한 상을 얻을 수 없는 경우가 있습니다. 이런 현상을 수차라고 합니다. 일반적으로 렌즈의 수차를 없애기 위해서는 초점 거리가 다른 여러 개의 렌즈를 함께 사용합니다.

탐구하기

문 빛은 구부러지지 않는 특성, 즉 직진하는 특성을 가지고 있으나 빛이 물 속으로 들어가면 계속해서 직진하지만 꺾입니다. 그러면 물 속으로 들어간 빛은 어떻게 꺾일까요?

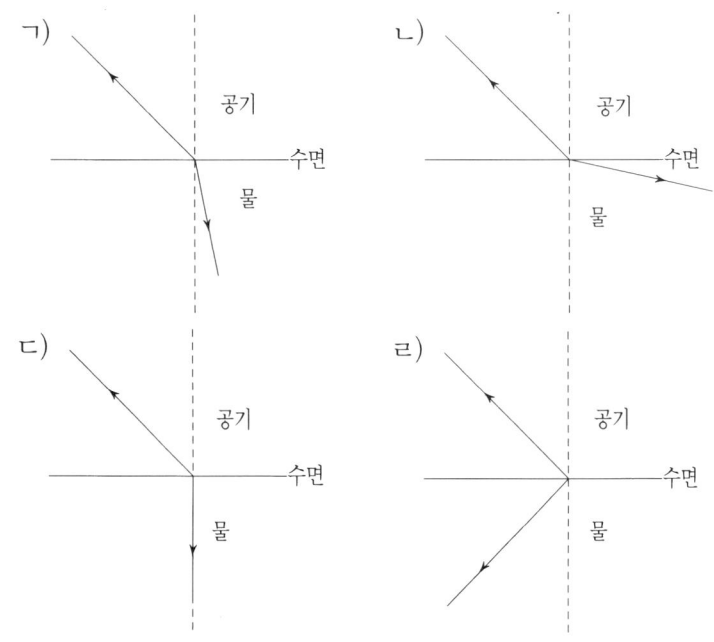

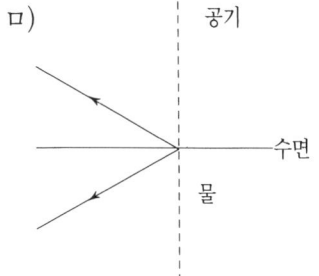

ㅁ) 공기

수면

물

답 공기 중에서 직진하던 빛이 물 속으로 들어가면 꺾이게 되는데 이것을 빛의 굴절 현상이라고 합니다.

물 속으로 들어간 빛이 꺾이게 되는 이유는 공기와 물의 굴절하는 정도가 같지 않기 때문입니다. 공기의 굴절 계수는 1 정도이고, 물의 굴절 계수는 1.3 정도로 같지 않기 때문입니다.

그리고 빛이 꺾이는 방향은 공기와 물의 굴절 계수와 관계가 있는데, 공기의 굴절 계수가 물의 굴절 계수보다 작기 때문에 빛은 안쪽으로 꺾이게 됩니다.

여기에서 안쪽이라는 방향은 물의 표면에 수직선을 그었을 때 그 수직선에 더 가까운 방향을 말합니다.

따라서 정답은 ㄱ)입니다.

문 텔레비전이나 컴퓨터를 오랜 시간 동안 보면 눈이 나빠지게 됩니다. 이렇게 해서 나빠진 눈은 대체로 근시 판정이 나옵니다. 그러면 근시인 사람은 어떤 렌즈로 된 안경을 써야만 할까요?

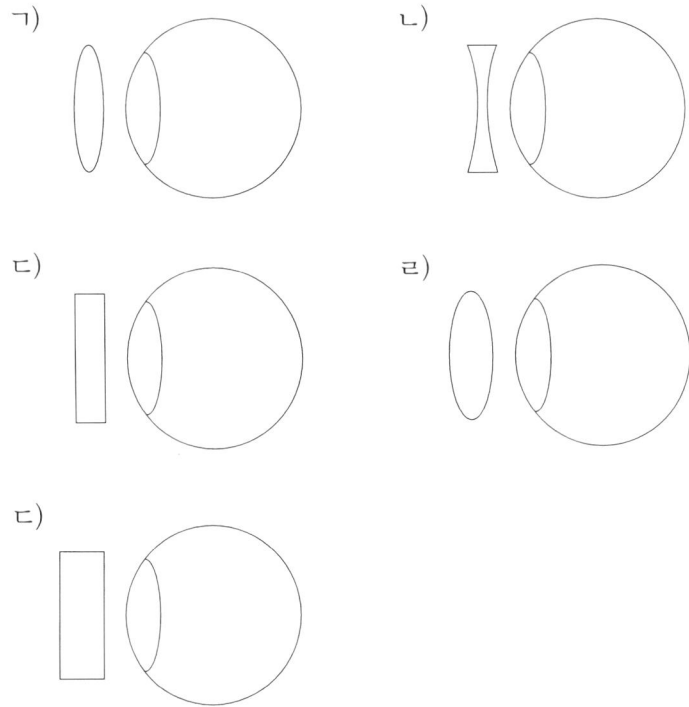

ㄱ)

ㄴ)

ㄷ)

ㄹ)

ㄷ)

답 근시는 가까운 곳에 있는 물체는 잘 볼 수 있지만 먼 곳
에 있는 물체는 잘 볼 수 없는 눈의 이상 증세입니다. 근
시인 사람의 눈은 수정체가 너무 두껍거나 망막까지의 거리가
너무 먼 구조로 되어 있습니다. 그렇기 때문에 근시인 사람이
물체를 보게 되면 물체의 상이 망막에 정확히 맺히지 못하고
망막 앞에 맺히게 되는 것입니다.

그러면 어떻게 해야 할까요?

물체의 상이 망막에 맺히려면 평행하게 들어온 빛을 발산시
키는 오목렌즈를 사용해야 할 것입니다.

따라서 정답은 ㄴ)입니다.

 빛의 굴절 현상을 설명해 주는 법칙을 스넬(Snell)의 법칙
이라고 합니다.

 빛의 입사각을 i, 반사각을 r이라고 할 때 이 각에 대한 사
인(sine, sin)비는 일정한 값을 나타내게 됩니다.

$$\frac{\sin i}{\sin r} = 일정$$

 이 일정한 값을 일반적으로 n으로 표시하는데 n을 굴절률,
즉 매질1에 대한 매질2의 굴절률이라고 합니다. 여기에서 매
질1이란 빛이 입사하는 매질이고 매질2란 빛이 굴절하는 매
질입니다.

 굴절률에는 절대 굴절률과 상대 굴절률이 있습니다.

 절대 굴절률이란 두 매질 가운데 하나의 매질이 진공인 경
우 진공에 대한 어떤 매질의 굴절률을 말합니다.

 그리고 상대 굴절률은 매질의 종류에 따라서 다양하게 나타
나는데 이에 따라서 빛의 파장과 속도도 변하게 됩니다.

 제1매질에서의 빛의 속도를 v_1, 파장을 λ_1, 절대 굴절률을
n_1이라고 하고 제2매질에서의 빛의 속도를 v_2, 파장을 λ_2, 절대
굴절률을 v_2라고 하면 제1매질에 대한 제2매질의 상대 굴절
률 n_{12}는 다음과 같이 나타나게 됩니다.

$$n_{12} = \frac{\sin i}{\sin r} = \frac{v_1}{v_2} = \frac{\lambda_1}{\lambda_2} = \frac{n_2}{n_1}$$

일곱 색깔 무지개
― 빛의 굴절 ―

 이야기

　고대 시대에는 단지 일상적인 경험을 통해서만 자연을 이해하려고 했었습니다. 즉 고대 시대에는 오늘날과 같이 실험을 통한 합리적인 방법과 생각을 완전히 무시한 채 오로지 눈에 보이는 자연 현상의 결과들만을 근거로 그 본질을 머리속에서 파악하려고 했습니다.

　이러한 예 가운데 하나가 바로 빛의 색의 실체에 관한 것입니다.

　고대 사람들은 빛을 이루고 있는 색의 실체는 순수한 흰색이라고 생각했습니다. 심지어 아리스토텔레스도 불순물이 전혀 섞이지 않은 순수함 그 자체의 색, 즉 흰색이 빛의 실체를 이루는 색이라고 생각했습니다.

　이런 생각은 17세기 후반까지 계속되었습니다. 그런데 이러한 생각에 만유인력의 법칙으로 유명한 뉴턴이 반기를 들었습니다.

　뉴턴은 1672년 빛과 색채에 관한 연구논문을 발표했습니다. 이 논문의 서두에서 그는 다음과 같이 말하고 있습니다.

　"1666년 초 나는 광학 유리를 구면 이외의 형태로 연마하는 작업에 매우 심취해 있었다. 그 결과로 나는 삼각 형태의 유리 프리즘을 만들 수 있었다. 나는 이것을 이용해 빛의 색에 대해 연구해 볼 생각이었다.

나는 우선 방을 어둡게 만들었다. 그런 다음 태양 광선이 방 안으로 들어올 수 있도록 하기 위해서 창에 작은 구멍을 뚫고 빛이 굴절해서 닿을 수 있도록 프리즘을 책상 위에 설치했다.

이렇게 해서 프리즘을 통과해 나온 태양 빛의 선명한 색채를 관찰하는 것은 나에게 무척 즐거운 일 중의 하나였다."

뉴턴은 창문 구멍으로부터 들어오는 빛을 유리 프리즘에 통과시켜 본 것이었습니다. 그랬더니 창문 반대쪽 벽에 빨강부터 보라까지의 일곱 가지 무지개 색이 나타나는 것이었습니다.

이 결과에서 이미 아리스토텔레스의 이론, 즉 빛을 이루고 있는 색의 실체는 흰색이라는 것은 거짓으로 판명된 것입니다. 뉴턴은 이것으로 만족하지 않고 빛의 색의 실체를 밝히기 위한 몇 가지 실험을 더 해 보았습니다.

뉴턴은 프리즘의 두께와 프리즘의 각도도 변화시켜 보았습니다. 그렇지만 빨강부터 보라까지의 일곱 가지 색깔에서 나타나는 띠의 모습에는 여전히 변화가 일어나지 않았습니다.

그는 창의 구멍의 크기를 변화시켜 방안으로 들어오는 빛의 양도 조절해 보았습니다. 그렇지만 이것 역시 변화가 없었습니다. 이로부터 뉴턴은 다음과 같은 결론을 내리게 되었던 것입니다.

"태양 빛은 굴절성이 다른 여러 가지 선으로 구성되어 있으며 각각의 선은 독특한 색을 나타내고 있다."

 사고하기

빛이 어느 물질의 표면을 뚫고 그 물질의 속으로 들어가게 되면 빛의 진로는 변하게 됩니다. 이런 현상을 빛의 굴절 현상이라고 합니다. 즉 빛이 어느 한 물질로부터 다른 물질 속으로 들어갈 때 빛이 진행하는 경로가 굽어지는 현상을 빛의 굴절 현상이라고 합니다.

컵 속에 들어 있는 막대기나 젓가락이 꺾여 보이는 현상이나 물 속에 들어 있는 물질이 실제 깊이보다 더 얕게 떠 있는 것처럼 보이는 현상들도 모두 빛의 굴절 때문입니다.

프리즘을 통과한 빛은 굴절합니다. 프리즘으로부터 굴절되어 나온 광선은 더 넓어지면서 벽에 빨강에서 보라까지의 일

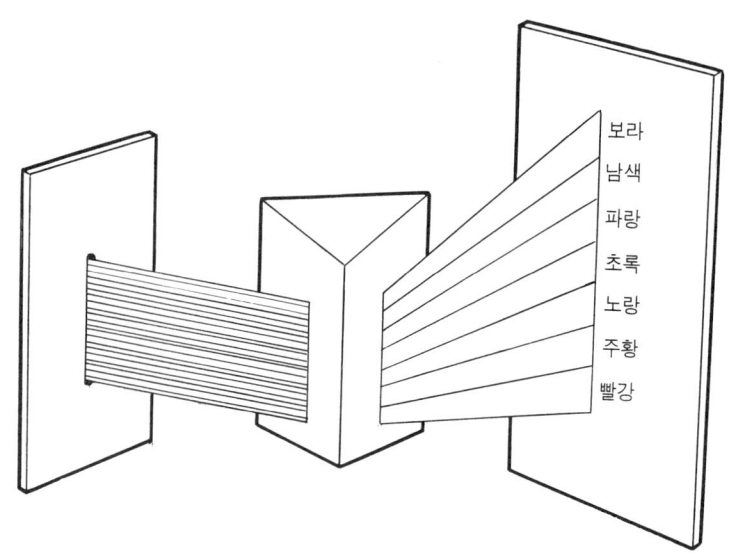

보라
남색
파랑
초록
노랑
주황
빨강

굴절된 일곱 가지 무지개 색

곱 가지 무지개 색의 상을 맺게 합니다.

그런데 이 일곱 가지 무지개 색이 상을 맺는 데에는 일정한 규칙이 존재합니다. 이것은 일곱 가지 무지개 색의 굴절하는 정도가 같지 않기 때문입니다.

이런 이유로 빨강색은 빛이 프리즘으로 입사할 경우의 각도에서 가장 적게 벗어난 위치에 자리잡게 되고, 보라색은 가장 크게 벗어난 위치에 자리잡게 됩니다. 그리고 나머지 주황, 노랑, 초록, 파랑, 남색은 무지개 색의 순서로 자리잡게 됩니다.

프리즘을 통해서 본 빛의 색의 실체는 백색 투명과는 전혀 다른 것이었습니다. 그렇다면 우리는 이것으로부터 한걸음 더 나아가 다음과 같은 세 가지 현상을 생각해 볼 수 있습니다.

첫째, 프리즘으로부터 얻은 일곱 가지의 색 중에서 하나의

색을 골라 이것을 다시 또 다른 프리즘에 통과시켜 보면 어떤
색이 나오게 될까?

예를 들면 프리즘으로부터 얻은 파랑색을 다시 프리즘에 통
과시키면 흰색이 나타나게 될까, 파랑색이 나타나게 될까, 아
니면 일곱 가지 무지개 색이 모두 나타나게 될까?

첫째, 파랑색을 선택해 프리즘을 통과시키면 파랑색이 나타난다.

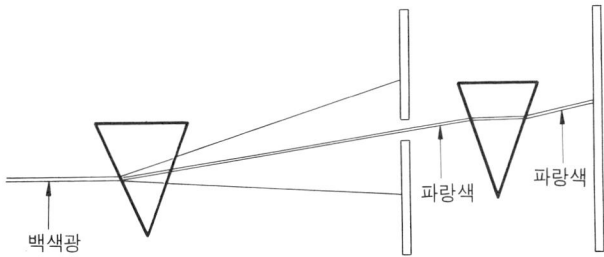

빛이 일곱 가지 무지개 색으로 나누어지는 현상을 분산이라
고 합니다. 분산 현상을 처음 발견한 사람은 뉴턴입니다.

뉴턴은 일곱 가지 무지개 색으로 분산된 빛 중에서 파랑색
을 선택해 또 다른 프리즘에 입사시켰습니다. 그랬더니 벽에
나타난 색은 입사한 색과 똑같은 파랑색이었습니다.

그리하여 뉴턴은 이 결과로부터 일곱 가지 무지개 색 각각
은 백색광이 일곱 가지 색으로 나누어진 것처럼 나누어지지
않는다는 사실을 알게 되었습니다.

둘째, 프리즘을 통과한 일곱 가지 무지개 색 중 선택된 하
나의 빛, 예컨대 초록색을 연속해서 똑같은 프리즘에 통과시
켜 보면 그 색이 굴절하는 각도는 차이가 있을까?

선택된 초록색의 빛은 몇 개의 프리즘을 통과한다고 할지라
도 초록색만을 벽에 나타내게 될 것입니다.

둘째, 몇 개의 프리즘을 통과하더라도 초록색의 조절된 각은 똑같다.

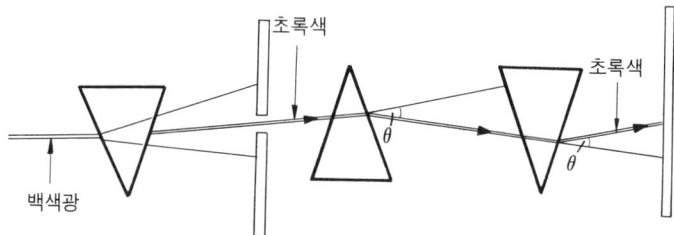

그런데 일곱 가지 무지개 색 모두는 각각의 고유한 굴절률을 가지고 있기 때문에 색의 배열이 빨강에서 보라까지 변하지 않는 순서를 항상 유지하는 것입니다.

그러므로 똑같은 물질로 만들어져 있는 프리즘을 통과한 초록색의 각도는 통과한 프리즘의 개수와 상관없이 항상 일정합니다.

셋째, 프리즘을 통해 분산된 일곱 가지 무지개 색 전부를 다시 또 다른 프리즘에 통과시키면 어떻게 될까?

원래의 백색광이 나타나게 될까? 일곱 가지 무지개 색 가운데 하나의 색이 나타나게 될까? 아니면 검정색이 나타나게 될까?

셋째, 분산된 일곱 가지 색을 다시 프리즘에 통과시키면 백색광이 얻어진다.

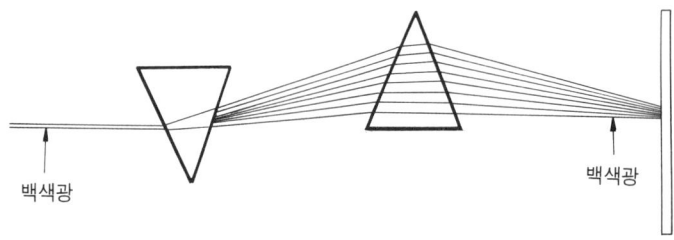

원래의 상태대로 복구시키기 위해서는 어떻게 해야 할까요? 흐트러진 것을 다시 모아 정리하면 되겠죠.

빛의 색의 경우에도 이것은 똑같이 적용됩니다. 프리즘을 통해 분산된 일곱 가지 무지개 색을 또 다른 프리즘에 통과시키면 분산된 일곱 가지 색이 다시 모아지겠죠? 일곱 가지 색이 다시 모아졌다는 것은 원래의 백색광으로 되었다는 것을 말합니다.

그렇습니다. 분산된 일곱 가지 무지개 색을 또다시 프리즘에 통과시키면 원래의 빛의 색인 백색광을 얻을 수 있습니다.

프리즘을 통과한 빛의 일곱 가지 색을 언급하면서 우리는 무지개 색이라고 했습니다. 즉 이것도 빨강부터 보라까지의 일곱 가지 색이기 때문입니다.

그렇다면 다음과 같은 생각을 해 볼 수 있을 것입니다.

'프리즘을 통과한 빛은 굴절과 분산이라는 현상을 통해 일곱 가지 무지개 색으로 나타났다. 그렇다면 무지개가 만들어지는 이유도 빛의 굴절과 분산 현상 때문일까?'

그렇습니다. 무지개가 만들어지는 것 또한 빛의 굴절 현상과 분산 현상 때문입니다. 그렇다면 무지개가 어떻게 만들어지는지 한번 알아보도록 하죠.

무지개는 항상 우리가 태양 광선을 뒤로 하고 서 있을 때 앞쪽 상공에 나타나게 됩니다. 무지개가 만들어지기 위해서는 반드시 태양 광선이 상공에 맺힌 물방울로부터 반사되어야만 하기 때문입니다.

무지개를 만드는 물방울의 태양 광선 반사는 항상 물방울의 안쪽에 의한 반사입니다. 왜냐하면 물방울의 바깥쪽에 의해서 반사된 태양 광선은 공기 중으로 산란되기 때문입니다.

산란 현상이란 반사된 빛이 사방으로 퍼져 나가는 현상을 말합니다. 예를 들면 하늘이 파랗게 보이는 것이나 저녁때 붉은 노을을 볼 수 있는 것이 바로 빛의 산란 현상입니다.

그런데 물방울이 태양 광선을 반사하는 각도에는 일정한 규칙이 있는 것처럼 보입니다. 물방울로부터 반사된 태양 광선의 각도는 거의 대부분 42° 정도를 유지합니다. 따라서 이 각도의 위치에 있는 것들에 의해서 주로 무지개는 만들어집니다.

우리는 앞에서 빛의 일곱 가지 색이 각각 독특한 굴절률을 가지고 있다는 사실을 알았습니다. 그래서 상공에 떠 있는 물방울에 태양 광선이 반사되고 굴절되는 경우, 아주 적지만 태양 광선이 일곱 가지 색으로 분산될 수 있기 때문에 무지개가 빨강, 주황, 노랑, 초록 ,파랑, 남색, 보라색을 띠는 것입니다. 만약 물방울에 대한 일곱 가지 색의 굴절률이 일정하다면 무지개는 흰색의 띠로만 보일 것입니다.

각각의 색의 독특한 굴절률에 의해서 보라색은 약 41°의 각도로 반사하고, 빨강색은 약 43°의 각도로 반사합니다. 여기에서의 반사 각도란 태양을 연결한 선에 대한 각도입니다.

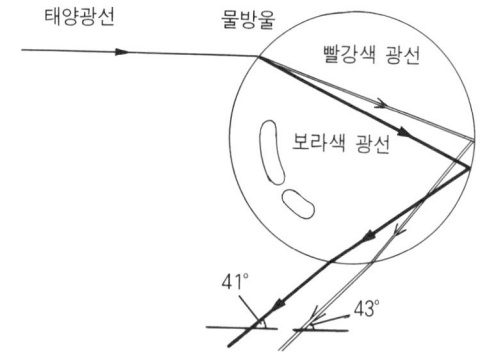

이렇게 해서 무지개가 그리는 둥근 호의 안쪽에 보라색 띠가, 바깥쪽에 빨강색 띠가 만들어지게 되는 것입니다. 물론 그 밖의 나머지 색은 굴절률이 작은 남색, 파랑색, 초록색, 노랑색, 주황색의 순서로 둥근 띠를 만들게 됩니다.

탐구하기

문 물체의 표면이 고르지 못하고 울퉁불퉁하면 반사된 빛이 사방으로 흩어지게 되는데, 이것을 빛의 난반사 현상이라고 합니다. 그러면 다음 중에서 빛의 난반사 현상과 관계 있는 것은 어느 것일까요?

(가) 교실 안에 있는 모든 학생들은 한 학생이 들고 있는 하얀 색종이를 볼 수 있었다.

(나) 기름이 물 위에 떨어지자 물 위에 아름다운 무늬가 나타났다.

(다) 연진이는 따뜻한 봄날 피어 오르는 아지랑이를 보았다.

ㄱ) (가), (나), (다)

ㄴ) (가), (나)

ㄷ) (나), (다)

ㄹ) (가)

ㅁ) (가), (나), (다) 모두 난반사 현상과 관련이 없다.

답 한 학생이 들고 있는 하얀 색종이를 교실 안에 있는 모든 학생들이 볼 수 있었던 이유는 빛이 난반사했기 때문입니다. 그렇지만 (나)와 (다)는 난반사 현상과 관련이 없습니다. 왜냐하면 물 위에 떨어진 기름으로 인해 아름다운 무늬가 나타나는 것은 빛의 간섭 현상 때문이고, 따뜻한 봄날 아지랑이가 피어 오르는 것은 빛의 굴절 현상 때문입니다.

따라서 난반사 현상과 관련이 있는 것은 (가)입니다.

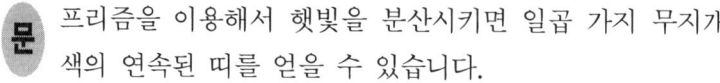 프리즘을 이용해서 햇빛을 분산시키면 일곱 가지 무지개 색의 연속된 띠를 얻을 수 있습니다.

그러면 이 일곱 가지 무지개 색 중에서 굴절률이 가장 큰 색과 가장 작은 색은 어느 것일까요?

ㄱ) 굴절률이 가장 큰 색은 보라색이고, 가장 작은 색은 빨 강색이다.

ㄴ) 굴절률이 가장 큰 색은 빨강색이고, 가장 작은 색은 보 라색이다.

ㄷ) 굴절률이 가장 큰 색은 빨강색이고, 가장 작은 색은 노 랑색이다.

ㄹ) 굴절률이 가장 큰 색은 보라색이고, 가장 작은 색은 노 랑색이다.

ㅁ)일곱 가지 무지개 색의 굴절률은 모두 똑같다.

프리즘을 통과한 일곱 가지 무지개 색의 연속된 띠를 스펙트럼이라고 합니다. 이 스펙트럼을 보면 일곱 가지 무지개 색 중에서 보라색이 가장 많이 꺾이고 빨강색이 가장 적게 꺾입니다.

그러므로 일곱 가지 무지개 색 중에서 굴절률이 가장 큰 색은 보라색이고 가장 작은 색은 빨강색입니다.

스펙트럼에는 연속 스펙트럼, 선 스펙트럼, 흡수 스펙트럼 등이 있습니다.

연속 스펙트럼이란 분산된 빛이 만든 스펙트럼의 모든 색이 연속적으로 이어진 스펙트럼을 말합니다. 이것의 예로는 백열 전등에서 나오는 빛이나 태양 빛을 들 수가 있습니다.

선 스펙트럼이란 뜨거운 기체의 원자에서 방출된 빛을 분산 시키면 그 기체 원자가 가지고 있는 독특한 색이 가는 선으로 나타나는 스펙트럼을 말합니다.

흡수 스펙트럼이란 연속 스펙트럼에 보여 주는 빛을 온도가 낮은 상태의 기체 속에 입사시키게 되면 연속 스펙트럼 사이 사이에 검은 선 몇 개가 나타나는 스펙트럼을 말합니다. 특히 태양 광선에 나타나는 검은 선을 프라운호퍼선이라고 합니다.

1초에 지구를 일곱 바퀴 반

― 빛의 속력과 광행차 ―

 이야기

　오늘날 대부분의 사람들은 빛의 속력이 무한하지 않고 유한하다는 사실을 알고 있습니다.

　그렇지만 옛날 사람들은 빛의 속력을 무한한 것으로 생각했습니다. 즉 이들은, 빛은 어느 곳이나 순식간에 도달할 수 있는 것이라고 생각했습니다. 심지어 프랑스의 철학자이며 수학자였던 데카르트도 자신의 저서에서 빛이 전파해 나가는 데는 약간의 시간도 필요하지 않다고 했습니다.

　사실 이들이 이렇게 생각한 것도 무리는 아니었습니다. 일상적인 관점으로 생각할 때 주변에서는 엇비슷한 것조차도 찾아보기가 힘들 정도로 빛은 굉장히 빠릅니다.

　그럼 빛의 유한성에 대해 처음으로 지적한 사람은 누구일까요?

　바로 갈릴레이입니다.

　갈릴레이는 실험을 통해서 빛의 유한성을 증명하려고 했습니다. 어느 날, 한밤중에 갈릴레이는 불빛이 새어 나오지 않도록 나무통으로 가린 통을 들고 언덕 위에 서 있었습니다. 그리고 이곳으로부터 약 5km 정도 떨어진 또 다른 언덕 위에 갈릴레이의 조수가 똑같은 나무통을 들고 서 있었습니다.

잠시 후 갈릴레이는 자신이 들고 있던 나무통을 치켜 올렸습니다.

그러자 이것으로부터 불빛이 날카롭게 퍼져 나갔습니다. 이 빛을 본 순간 그의 조수도 자신이 들고 있던 나무통을 치켜 올렸습니다. 역시 불빛이 날카롭게 퍼져 나갔습니다.

갈릴레이는 자신이 나무통을 치켜 올린 그 순간부터 조수가 들고 있던 나무통에서 퍼져 나온 빛을 본 순간까지의 시간을 측정했습니다. 이 수치에 자신과 조수와의 떨어져 있는 거리를 이용해 갈릴레이는 빛의 속력을 계산해 보았습니다.

그런 다음 갈릴레이는 똑같은 실험을 여러 번 하고 나서 각각의 실험 결과에 따라 빛의 속력을 계산해 보았습니다.

그런데 각각의 경우마다 계산된 빛의 속력은 큰 오차를 나타냈습니다. 이런 이유로 빛의 속력에 대한 갈릴레이의 결과는 신뢰할 수 없게 되었습니다.

 사고하기

갈릴레이는 빛은 유한한 속력을 가지고 있다는 사실을 지적했고, 또한 비록 오차가 크기는 했지만 빛의 속력을 측정할 수 있는 방법을 제시했다는 사실은 획기적인 것이었습니다.

그렇지만 계산된 결과의 오차가 너무 컸기 때문에 갈릴레이가 한 실험으로는 정확한 빛의 속력을 얻어낼 수 없었습니다.

그러면 왜 갈릴레이의 실험으로 빛의 속력을 얻어내지 못한 것일까요?

그 이유는 간단합니다. 빛의 속력이 너무나 빠르기 때문입니다. 즉 갈릴레이와 그의 조수가 서로의 등불을 보고 행동을 취

했던 반응 시간이 빛의 속력에 비해 너무 길었기 때문입니다.

예를 들면 갈릴레이와 그의 조수가 서로의 등불을 보고 동작했던 반응 시간이 1초라고 해 보죠. 그런데 1초 동안 빛은 지구의 둘레를 약 일곱 바퀴 반이나 회전할 수 있습니다. 이런 이유 때문에 그들의 실험을 통해서 계산된 결과가 큰 오차를 가질 수밖에 없었던 것입니다.

갈릴레이와 그의 조수는 시간을 훨씬 더 정밀하게 측정해야만 했습니다. 그렇지만 이것도 어느 한계 이상은 도저히 불가능합니다. 왜냐하면 사람의 눈을 포함한 모든 감각기관은 물체를 감지할 수 있는 한계 반응 시간을 가지고 있기 때문입니다.

그렇다면 어떻게 해야 할까요?

갈릴레이와 그의 조수 사이의 거리를 더 멀리 떨어뜨리면 가능할 것입니다. 그러나 이것에도 한계가 있습니다. 빛은 지구의 길이 한계를 벗어난 존재이기 때문입니다. 즉 지구의 둘레도 빛이 1초 동안 날아가는 거리에 비해서는 턱없이 모자라는 것이기 때문입니다.

그럼 어떻게 하면 될까요?

지구의 둘레보다 더 긴 길이를 제공해 줄 수 있는 곳에서 이 실험을 하면 될 것입니다. 지구의 둘레보다 더 긴 길이를 제공해 줄 수 있는 곳은 딱 한 곳이 있습니다. 다름 아닌 우주 공간입니다.

진공 상태에서 빛은 1초 동안 30만km를 날아갈 수 있는 속력을 가지고 있습니다. 이것은 1초 동안 지구의 둘레를 약 일곱 바퀴 반이나 회전할 수 있는 빠르기입니다.

속력이 이처럼 빠르기 때문에 빛은 지구의 어떤 곳이라도 순식간에 갈 수 있습니다. 그렇지만 이러한 빛도 우주 공간에서는 그 위력을 전혀 발휘하지 못합니다. 왜냐하면 우주 공간은 지구라는 공간과는 비교도 안 될 만큼 너무나도 넓은 공간이기 때문입니다. 지구에서는 빛이 어떤 장소라도 순식간에 도달할 수 있지만 우주 공간에서 빛이 순식간에 도달할 수 있는 장소는 거의 없습니다. 우주의 한쪽 끝에서 출발한 빛이 반대편까지 도착하는 데 약 300~400억 년이 걸립니다.

이런 생각을 바탕으로 빛의 속력을 측정한 사람이 뢰머였습니다.

뢰머는 목성의 가장 안쪽 위성인 이오 위성의 공전 주기를 측정한 결과 이 위성의 공전 주기가 42.5시간이라는 사실을 알게 되었습니다. 그런데 몇 달 후 똑같은 위성의 공전 주기를 측정했더니 전과 일치하지 않았던 것입니다.

뢰머는 왜 이런 일이 발생하는지 곰곰이 생각한 결과 그 이유를 알아냈습니다.

지구가 (가)의 위치에 있다고 생각해 봅시다.

그럼 만약 이때 목성의 위성 이오가 목성의 그림자에 가리워지는 지역인 A와 B 사이에 있다면 지구에서는 이오를 관측할 수 없습니다. 그러나 만약 이오가 A의 위치에 있다면 지구에서 이오의 관측은 가능합니다.

그럼 여기에서 한번 생각해 봅시다.

목성의 위성 이오의 공전 주기가 42.5시간이라는 것은 무엇을 뜻하는 것일까요?

이것은 지구가 어느 한 곳, (가)의 위치에 멈춰 있다고 가정했을 때, 이오가 42.5시간마다 목성의 둘레를 한번씩 회전한다는 사실을 의미합니다.

그런데 실상은 어떻습니까? 지구는 한 곳에 가만히 머물러

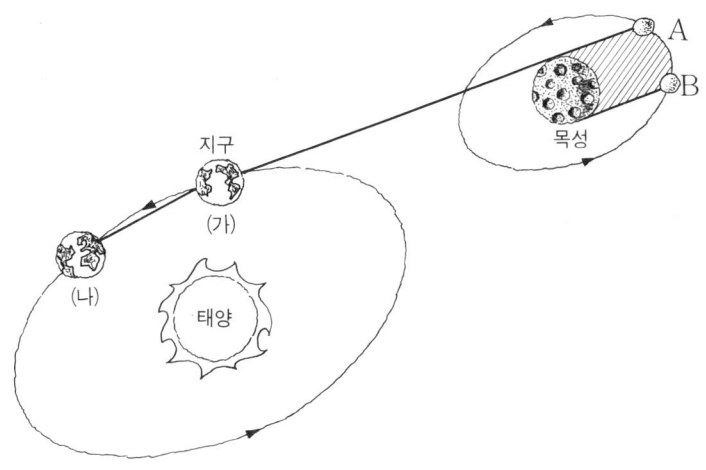

뢰머의 빛의 속도 측정

있지 않습니다.

지구는 태양의 둘레를 1년이라는 공전 주기를 가지고 회전하고 있습니다. 즉 목성의 위성 이오가 목성의 둘레를 한 번 회전하는 시간 동안 지구도 자신의 공전 궤도를 따라 움직이고 있습니다.

예를 들면 이오가 A 위치를 기준으로 목성의 둘레를 100번 회전하는 동안 지구가 (가)의 위치에서 (나)의 위치로 움직였다고 합시다.

그렇다면 이때 만약 빛의 속력이 무한하다면, 그래서 빛이 어느 곳이라도 순식간에 도달할 수 있다면, 지구 공전 궤도 사이의 떨어진 거리, 즉 (가)에서 (나) 사이의 길이 차이에 상관없이 목성의 위성 이오는 같은 위치에 나타나야만 합니다. 즉 이오는 42.5시간에 100을 곱한 시간이 지난 후 정확하게 A의 위치에 나타나야만 합니다.

그렇지만 빛의 속력이 유한하다면 어떻게 되겠습니까?

지구 공전 궤도 사이의 떨어진 거리, 즉 (가)에서 (나) 사이의 길이 차이에 해당하는 시간만큼이 지난 후 이오는 발견되어야만 할 것입니다. 즉 이오는 42.5시간에 100을 곱한 시간에 빛이 (가)에서 (나) 사이의 길이를 날아갈 수 있는 시간을 더한 시간이 지난 후 발견될 것입니다.

뢰머는 바로 이 시간 차이를 알아낸 것입니다. 그리고 이로부터 빛의 속력을 구해 냈습니다.

뢰머가 계산한 빛의 속력은 초속 약 22만km였습니다. 이 값은 오늘날 알려져 있는 빛의 속력의 약 70%에 해당하는 정확도를 가지고 있는 수치입니다.

비록 뢰머가 정확하게 빛의 속력을 알아내지는 못했지만 실험 도구가 형편없었을 이 당시의 상황을 생각하면 뢰머의 연구는 큰 의의를 지니는 것이었습니다.

뢰머의 이런 발견이 있은 후 약 50여 년의 세월이 흘렀습니다. 영국의 브래들리는 다음과 같은 생각을 했습니다.

'지구는 태양의 둘레를 회전하고 있다. 그렇다면 지구에서 똑같은 별을 관찰했을 때 그 별의 위치는 지구의 계절에 따라서 달라 보이게 될 것이다.'

이런 현상을 별의 연주 시차라고 합니다.

브래들리는 어떤 별을 관찰하던 중 그 별의 위치가 주기적으로 변화하고 있다는 사실을 알게 되었지만 그 이유를 밝혀내지는 못하고 있었습니다.

그러던 어느 날 브래들리는 배 위에서 펄럭이는 깃발을 무심히 쳐다보고 있었습니다. 이때 그의 머리에 영감이 떠올랐습니다.

'바람이 부는 방향과 같은 방향으로 배가 움직일 경우 깃발
은 바람이 부는 방향으로 펄럭이게 된다. 그렇지만 배가 움직
이는 방향이 바람이 부는 방향과 일치하지 않을 경우, 두 방
향을 함께 고려한 방향으로 깃발은 펄럭이게 된다.

　그렇다면 빛의 속도가 유한하고 빛을 바라보는 사람이 움직
인다면 별의 겉보기 위치 또한 변하게 될 것이다.'

　별의 위치는 변하지 않습니다. 단지 별을 관찰하는 사람이
움직이기 때문에 별의 위치가 변한 것처럼 느껴질 뿐이지요.
이것을 별의 겉보기 위치라고 합니다.

　브래들리의 생각은 적중했습니다. 이 현상을 광행차 현상이

라고 합니다.

브래들리는 광행차 현상을 이용해 별의 주기적인 운동 현상을 설명했습니다. 또한 광행차 현상이 발견됨에 따라서 빛의 속력은 유한한 것이라는 사실을 다시 한번 일깨워 주었던 것입니다.

이렇게 해서 별의 위치를 측정할 경우에는 빛의 속도뿐만 아니라 지구의 공전 속도(별을 관측하는 사람은 지구에 있고 지구는 공전하기 때문에 관측자의 운동은 바로 지구의 운동입니다)도 함께 고려해야만 한다는 사실을 알게 되었습니다.

별의 연주 시차는 이론상으로는 매우 명확한 개념입니다. 그렇지만 실험상으로는 전혀 그렇지 않습니다. 왜냐하면 별이 너무나 멀리 떨어져 있고, 그 별에 대한 연주 시차의 각도가 매우 작기 때문입니다. 그런 이유로 브래들리는 연주 시차의 값을 정확하게 밝혀 내지는 못했습니다.

약 1세기가 지난 다음 독일의 천문학자 베셀에 의해서 연주 시차는 구해졌습니다. 베셀이 백조 자리의 한 별을 대상으로 밝혀 낸 그 별의 연주 시차는 약 0.3초였습니다.

각도를 나타내는 1분($1'$)은 1도($1°$)를 60으로 나눈 각입니다. 그리고 1초($1''$)는 1분을 또 60으로 나눈 각입니다. 그러니 1초라는 각도는 1도의 각도를 3600으로 나눈 각이겠죠.

0.3초, 연주 시차의 값이 이렇게 작은 각도이니 그 당시의 과학 도구로 브레들리가 이것을 정밀하게 측정해 내지 못한 것은 어떻게 생각하면 당연하다고도 볼 수 있지 않을까요?

그후로도 빛의 속력을 측정하려는 사람들의 노력은 끊임없이 계속되었습니다.

19세기 중반에 프랑스의 물리학자 피조는 천체를 이용하지 않는 독특한 방법, 즉 지상에서 톱니바퀴를 이용한 방법을 사용해서 이전보다 정밀한 빛의 속력을 측정해 냈습니다.

그리고 20세기에 들어와서 미국의 물리학자 마이켈슨과 몰리에 의해서 빛의 속력은 더욱 정밀하게 측정되었습니다.

 탐구하기

문 빛은 1초 동안 약 30만km를 날아갈 수 있는 속력을 가지고 있습니다. 그러면 소리의 속력(음속)은 어느 정도나 될까요?

ㄱ) 음속은 빛의 속력과 똑같다.

ㄴ) 음속은 영(0)이다.

ㄷ) 음속은 빛의 $\frac{1}{2}$ 속력이다.

ㄹ) 음속은 1초 동안 약 100m를 날아갈 수 있는 빠르기다.

ㅁ) 음속은 1초 동안 약 340m를 날아갈 수 있는 빠르기다.

답 빛의 속력은 굉장합니다. 그래서 우리는 그것을 쉽게 인식할 수 없습니다. 그렇지만 소리는 쉽게 인식할 수 있습니다. 이것은 소리가 속력을 가지고 있을 뿐만 아니라 소리의 속력이 빛의 속력에 비해 상당히 느리다는 사실을 뜻합니다.

소리는 공기 중에서 1초 동안 약 340m를 날아갈 수 있는 속력(음속)을 가지고 있습니다.

마하는 음속의 단위인데 예를 들면 어떤 제트기가 마하 4의 속력으로 날 수 있다는 것은 음속의 4배 속력으로 날 수 있다는 것과 똑같은 표현입니다.

따라서 정답은 ㅁ)입니다.

문 오랫동안 많은 과학자들은 빛의 속도를 측정하려고 노력했습니다. 그러면 다음의 과학자 중에서 빛의 속도 측정과 크게 관련이 없는 사람은 누구일까요?

ㄱ) 뢰머

ㄴ) 피조

ㄷ) 푸코

ㄹ) 마이켈슨과 몰리

ㅁ) 아인슈타인

답 빛의 속도를 측정하기 위해서 뢰머는 목성, 피조는 회전 톱니바퀴, 푸코는 회전하는 거울, 마이켈슨과 몰리는 회전하는 팔각형의 거울을 이용했습니다.

아인슈타인은 실험 장치를 이용해서 물리 법칙을 이끌어낸 실험 물리학자가 아니라, 수학적 토대 위에서 종이와 펜을 이용해서 물리 법칙을 유도해 낸 이론 물리학자입니다. 그러니 아인슈타인이 빛의 속도를 측정하는 실험을 했을 리는 없겠죠!

그렇지만 아인슈타인은 자연계에서 일어나는 현상을 규명하는 데에 있어서 빛의 속도가 굉장히 중요한 작용을 한다는 사실을 이론적으로 밝혀 냈습니다. 그 유명한 상대성 이론이 바로 이것을 밝힌 이론입니다. 따라서 정답은 ㅁ)입니다.

● **좀더 알아봅시다**

1878년 마이켈슨과 몰리는 푸코의 실험 장치를 개량해서 빛의 속도를 정밀하게 측정해 냈습니다.

그리고 오늘날 마이크로파나 레이저 기술의 발전에 힘입어 광속도의 측정은 대단한 정밀도를 가지게 되었습니다.

빛의 속도는 진공 상태에서 항상 일정합니다. 다시 말하면 진공 상태의 광속도는 모든 색에 대해서 같습니다.

그렇지만 이런 상황은 빛이 물질 속으로 들어가게 되면 달라집니다. 물질 속에서 빛의 속도는 물질의 종류와 빛의 색에 따라서 약간씩 변하게 되는데, 동일한 물질 속에서는 파장이 긴 색이 파장이 짧은 색, 즉 빨강색이 보라색의 빛보다 좀더 빠르게 움직입니다.

물질 속에서의 빛의 속도는 v, 물질의 굴절률을 n, 진공에서의 빛의 속도(30만km/s)를 c라고 할 경우 관계식은 다음과 같습니다.

$$v = \frac{c}{n}$$

그리고 진공 상태에서의 빛의 속도(c)는 빛의 파장과 진동수의 곱으로 표현됩니다. 즉 빛의 파장을 S, 진동수를 f라고 하면

$c = Sf = 300,000 km/s$

빛의 속도는 변하지 않습니다. 즉 빛의 속도는 빛을 내는 물체가 앞쪽으로 나아가고 있든, 뒤쪽으로 물러나고 있든, 제자리에 정지하고 있든지에 상관없이 항상 똑같은 값을 가지게 됩니다.

이것을 광속도 불변의 원리라고 합니다.

뉴턴의 권위에 도전하다
— 빛의 입자성과 파동성 —

 이야기

한 사람의 학설이 절대적인 것으로 인정받고 있을 때 이것에 도전하는 새로운 이론이 받아들여진다는 것은 매우 힘든 일입니다. 그리고 심지어는 이런 이론을 제기한 사람은 다른 학자들로부터 따돌림을 당하는 일도 있습니다.

과학의 역사를 돌이켜 볼 때 이런 상황을 매우 적절하게 묘사해 주는 사건이 있습니다.

뉴턴은 1727년에 세상을 떠났지만 그가 생전에 이룩해 놓은 업적은 대단한 것이었습니다.

빛의 본성을 밝히는 과정에서 뉴턴은 빛의 본성은 입자일지도 모른다고 했습니다. 그런데 뉴턴이 세상을 떠나자 그의 추종자들이 이것을 확대 해석해 "빛의 본성은 입자이다"라고 완전히 못박아 버렸습니다. 이렇게 되자 이 이론에 반기를 든다는 것은 아예 상상할 수조차도 없는 일로 되어 버린 것입니다.

물론 이 이론에 반기를 드는 사람이 나타나기는 했지만 그 결과는 뻔했습니다. 이것에 반기를 든 사람은 사람들로부터 철저히 무시당했습니다.

이런 수난을 당한 인물 중 한 사람이 영국의 물리학자 영

(Young)입니다. 1803년 영은 런던의 왕립협회에서 빛의 입자성에 반대하는 빛의 파동론을 제기했습니다. 영은 왕립협회에서 빛이 입자와 같은 알맹이들로 구성되어 있지 않고, 물결과 같은 파동으로 구성되어 있다고 발표했습니다.

이 발표회에 참석했던 대다수의 사람들이 웅성거리기 시작했습니다. 이들이 웅성거린 이유는 영의 이론이 혁신적인 아이디어라고 생각해서가 아니라 어처구니없는 이론이라고 생각했기 때문이었습니다.

잠시 후 이곳저곳에서 영을 비방하는 갖가지 말들이 떠돌았

야 나가라

감히 뉴턴을
모독하다니

습니다. 그중에는 다음과 같은 말도 있었습니다.

"아니, 어디서 뭐하는 놈이길래, 뉴턴 경의 권위를 손상시키는 허무맹랑한 말을 학설이라고 감히 내놓는 거야! 건방지게……."

한마디로 말해 이날 영은 자신이 제안한 파동론 때문에 동료들로부터 이단자 취급을 받았습니다.

이 사건으로 받은 충격이 얼마나 컸던지 영은 빛의 연구에서 완전히 손을 떼고 그후로는 의사로서의 일만 하면서 틈틈이 고고학을 연구했습니다.

 사고하기

빛의 본성 중 입자성을 주장한 뉴턴의 이론이 옳을까요, 아니면 파동성을 주장한 영의 이론이 옳을까요?

우리 다 함께 빛의 본성에 관해서 알아보도록 할까요?

영의 파동론이 영국의 왕립협회에서 철저히 외면당하자 빛의 본성에 관한 논쟁의 무대가 어느덧 프랑스로 옮겨 가게 되었습니다. 이 당시 프랑스에서도 빛의 본성은 입자라는 뉴턴의 이론을 강력히 믿고 있었습니다. 그래서 프랑스 과학 아카데미는 빛의 입자성을 확고부동하게 하려는 목적으로 다음과 같은 현상 공모 문제를 냈습니다.

"빛이 회절하는 원인을 설명할 수 있는 이론을 제출하시오."

프랑스 과학 아카데미는 이 문제를 내면서 회절 현상에 대한 원인이 빛의 입자성에 근거해서 밝혀질 수 있을 것이라고 생각했습니다. 그들이 의도한 대로 입자성에 근거해서 이 문제를 해결하려고 하는 많은 이론들이 제출되었습니다. 그래서 대다수의 사람들은 이제 빛의 입자성은 완벽한 하나의 이론 체계로 굳어지게 될 것이라고 생각했습니다.

그렇지만 결과는 모든 사람들의 예상을 완전히 뒤엎는 뜻밖의 것이었습니다. 이 공모에서 대상을 차지한 것은 입자성에 근거해서 문제를 푼 이론이 아니라, 파동론에 입각해서 회절 현상을 설명한 것이었습니다.

이 이론은 프레넬이라는 물리학자가 제안했습니다. 프레넬은 영이 왕립협회에서 제시한 실험 방법과 이론의 불충분한 점을 약간 수정 보완해서 회절 현상을 설명해 낼 수 있는 이론을 만들어 냈던 것입니다.

회절 현상이란 쉽게 말해서 빛이 꺾이는 현상입니다. 예를 들면 건물이나 벽의 한쪽에서 하는 이야기를 다른 쪽에 있는 사람이 들을 수 있는 경우입니다.

프레넬에 의해서 제안된 이론이 빛의 회절 현상을 정확하게 설명해 내자 빛의 본성에 대한 지위는 파동성이 입자성보다 우위에 서게 되었습니다. 그럼에도 불구하고 파동성이 빛과 관련된 현상을 완벽하게 설명하지는 못했습니다.

이렇게 되자 파동성이나 입자성은 빛과 관련된 현상을 설명하는 데 둘 다 불충분하다는 사실을 시인하면서도 또 한편으로는 자신의 이론에 근거하여 빛의 현상을 설명하려는 노력을 기울이면서 티격태격 싸우는 관계가 계속되었습니다.

그런데 이때 프랑스의 물리학자 푸코에 의해서 결정적인 쐐기를 박는 하나의 발견이 이루어졌습니다.

1850년 푸코는 빛의 속도를 측정하고 있었습니다. 푸코의 방법은 약간 특색 있는 것으로 물 속에서 빛의 속력을 측정하는 것이었습니다.

이 당시 파동론과 입자론 양측의 주장 가운데 커다란 차이를 나타내는 것이 한 가지 있었습니다. 그것은 물 속에서의 빛의 속력에 대한 것이었습니다. 즉 파동설은 빛이 물 속으로 들어가면 느려질 것이라고 예상했고, 입자설은 빛이 물 속으로 들어가면 빨라질 것이라고 예상했습니다.

따라서 이를 정확하게 측정해 내기만 하면 파동론과 입자론으로 나누어진 빛의 본성을 확실하게 밝힐 수 있을 것이라고 푸코는 생각했습니다.

푸코는 수조에 물을 가득 담은 뒤 매우 빠른 속력으로 회전하는 거울을 사용해 수조 속을 진행한 빛을 반사시키는 방법을 이용해서 빛의 속력을 측정했습니다. 이렇게 해서 나타난 결과는 파동설 주장자들이 예상했던 대로 물 속에서 빛의 속력은 느려지는 것이었습니다.

이것은 물의 굴절률 때문입니다. 즉 물의 굴절률(약 1.3)과 공기의 굴절률(약 1)이 같지 않기 때문에 물 속에서 빛의 빠르기에 변화가 있는 것입니다.

어떤 물질 속을 지나갈 때 빛의 속력을 v, 공기 중에서의 빛의 속력을 c, 그 물질의 굴절률을 n이라고 할 경우, 이들 사이의 관계식은 다음과 같습니다.

$c = nv$

이 관계식으로부터 물 속에서의 빛의 속력이 공기 중에서보다 더 느려진다는 사실을 알 수 있고, 또한 이 식에 물의 굴절률(약 1.3)을 대입하면 빛의 속력이 어느 정도 줄어들게 되는지도 알 수 있겠죠!

이러한 푸코의 결정적인 실험으로 이제 파동설은 빛의 본성을 설명할 수 있는 확고부동한 자리를 차지하게 되었습니다.

그러다가 19세기 중순쯤에 물리학자 맥스웰에 의해서 고전 물리학을 종결짓는 연구 내용이 발표되었습니다.

맥스웰은 19세기를 대표하는 이론 물리학자입니다. 그는 전기와 자기 사이에 밀접한 연관이 존재한다는 사실을 바탕으로 이 둘의 관계를 이론적으로 연구했습니다.

그런데 그의 연구로부터 얻어낸 결론은 획기적인 것이었습니다. 그것은 전기와 자기가 모두 파동의 형태를 띠고 있다는 것이었습니다.

그리고 여기에 추가로 밝혀진 또 한 가지 사실은 이들의 전파 속도가 빛의 속도와 같다는 것이었습니다. 이것은 그 뒤 헤르츠의 실험을 통해서 증명되었습니다.

이렇게 해서 빛이 곧 전자기파라는 최종적인 결론이 나오게 되었고, 빛의 파동론은 이제 더 이상 넘어뜨릴 수 없는 확고부동한 이론이 되어 버렸습니다.

상황이 이렇게까지 진전되자 19세기의 물리학자들은 자랑스럽게 외쳤습니다.

"물리학은 이제 완성된 학문이다. 물리학에는 이제 더 이상 손댈 것이 없다."

갈릴레이와 뉴턴을 거치면서 정립된 물리학은, 맥스웰이 빛과 전자기학을 통합시킨 이론을 발표함으로써 이제 완성된 학문으로 자리잡았다고 19세기의 물리학자들은 생각했던 것입니다.

그런데 이게 어찌된 일입니까? 19세기 말에서 20세기 초에 이르는 기간 동안 희한한 현상들이 이곳저곳에서 발견되었습니다. 이것에 대한 두 가지의 예가 있습니다.

첫째, 용광로에서 새어 나오는 빛의 온도 분포를 이론적으로 설명할 수 없었습니다. 이것은 훗날 플랑크에 의해서 옳게 해석되어짐으로써 양자 역학이 탄생할 수 있는 기틀을 만들었습니다.

둘째, 자연 방사능 붕괴 현상의 발견이었습니다. 이것은 원자핵에 대한 물리학적인 지식이 전혀 없던 그 당시의 물리학자들에게 마치 원인이 없이 결과가 도출되는 것 같은 인상을 강하게 풍겨 주었던 것이지요.

이것들은 그렇게 호언장담하면서 자랑스럽게 외쳤던 그 당시의 물리학자들로서는 도저히 설명이 불가능했던 새로운 자연 현상들이었습니다.

이렇게 되자 19세기 물리학자들은 당황하지 않을 수 없었습니다. 왜냐하면 그들은 자신의 주장을 다시 번복하고 수정해야만 할 상황에 이르게 되었기 때문입니다.

그래서 이때를 계기로 물리학은 코페르니쿠스가 지구 중심설을 제창했던 것만큼 커다란 변혁을 겪게 되는데, 이 시점을 기준으로 이전까지의 물리학을 고전 물리학 또는 뉴턴 물리학이라고 하고, 이후의 물리학을 현대 물리학이라고 합니다.

현대 물리학의 새로운 장을 연 대표적인 사람이 바로 아인슈타인입니다.

아인슈타인은 상대성 이론이라는 비상식의 학문을 상식의 학문으로 만들어 내는 데 결정적인 공헌을 한 물리학자이기도 하지만, 또한 빛의 본성에 관한 문제를 해결한 물리학자이기도 합니다.

20세기 초 아인슈타인은 빛의 광전 효과 현상을 발견했습니다. 광전 효과 현상이란 금속 표면에 일정량 이상의 빛을 쪼이면 그 금속으로부터 전자가 튀어나온다는 이론입니다.

그러면 여기에서 한번 생각해 봅시다.

전자는 분명히 알맹이입니다. 그러면 알맹이를 튀어나오게 하기 위해서는 무엇이 필요할까요?

공간적으로 퍼져 있는 물결과 같은 파동일까요, 아니면 알맹이일까요? 알맹이겠죠.

이렇게 해서 아인슈타인이 '빛은 광자로 이루어진 에너지의 알맹이 덩어리'라는 새로운 이론을 주장했습니다. 또다시 빛의 입자성이 부활된 것입니다.

그러나 아인슈타인은 여기서 멈추지 않았습니다. 그는 이것에 덧붙여 빛의 파동성도 함께 주장했던 것입니다. 즉 빛은 입자성과 파동성을 동시에 가지고 있는 존재라고 했습니다.

그러면서 아인슈타인은 어떤 현상에는 빛의 파동성이 더 강

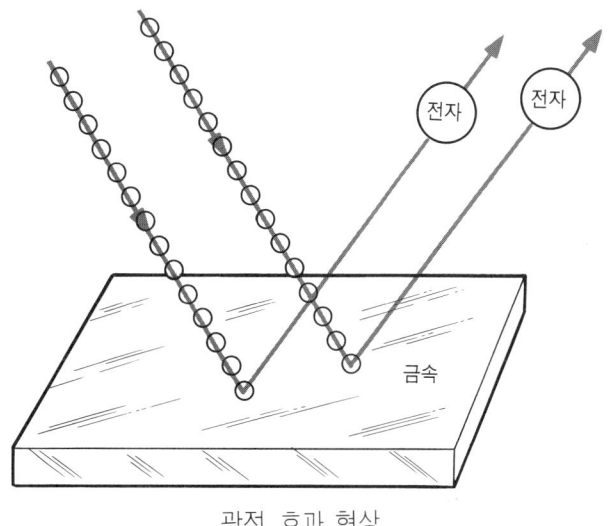

광전 효과 현상

하게 나타나고, 또 어떤 현상에는 빛의 입자성이 더 강력하게 나타난다고 주장했습니다. 바로 이 이론으로 아인슈타인은 위대해졌습니다.

물론 그의 이 이론은 훗날 다른 물리학자들에 의해서 실험적으로 명확하게 입증되었습니다. 아인슈타인이 노벨상을 받게 된 것은 상대성 이론이 아니라 바로 이 광전 효과였다는 사실을 아십니까?

 탐구하기

문 빛은 파동적인 특성과 입자적인 특성을 함께 가지고 있습니다. 그러면 다음의 현상 중에서 빛의 파동적인 특성을 설명할 수 없는 것은 어느 것일까요?

ㄱ) 광원에서 방출된 빛은 모든 방향으로 진동한다.
ㄴ) 광원에서 방출된 빛이 얇은 격자판을 통과한 후 스크린 상에 어두운 무늬와 밝은 무늬를 만들었다.
ㄷ) 금속에 빛을 쪼였더니 전자가 밖으로 튀어나왔다.
ㄹ) 물 위에 뜬 얇은 기름막이나 비누 방울에 햇빛이 닿게 되면 아름다운 색을 띠게 된다.
ㅁ) 두 개의 손가락 틈 사이로 형광등을 바라보면 형광등이 흐려 보인다.

답 금속에 쪼인 빛 때문에 전자가 튀어나오는 현상을 광전 효과 현상이라고 합니다. 광전 효과 현상은 빛의 입자적인 특성을 잘 설명해 주고 있습니다.

따라서 정답은 ㄷ)입니다.

나머지 4개의 현상은 모두 빛의 파동적인 특성으로 설명이 가능합니다.

광원에서 방출된 빛이 모든 방향으로 진동하는 것은 빛의 편광 현상 때문입니다.

그리고 얇은 격자판을 통과한 빛이 스크린 상에 어두운 무늬와 밝은 무늬를 만들거나, 물 위에 뜬 얇은 기름막이나 비누 방울에 닿은 빛이 아름다운 색을 만드는 것은 모두 빛의 간섭 현상 때문입니다.

마지막으로 두 개의 손가락 틈 사이로 바라본 형광등이 흐려 보이는 것은 빛의 회절 현상 때문입니다.

문 금속의 표면에 빛을 쪼일 경우 전자가 밖으로 튀어나오는 현상을 광전 효과 현상이라고 합니다. 그런데 금속으로부터 전자를 튀어나오게 하기 위해서는 어느 한계 이상의 에너지를 금속에 가해 주어야만 하는데 이것을 일함수라고 합니다.

그러면 여러 금속의 일함수가 다음과 같다고 할 경우 옳은 설명이 아닌 것은 어느 것일까요?

금속	일함수(eV)	금속	일함수(eV)
세슘	1.9	아연	4.3
나트륨	2.3	은	4.7
칼슘	2.7	니켈	5.0
마그네슘	3.7		

ㄱ) 전자가 가장 쉽게 튀어나올 수 있는 금속은 세슘이다.

ㄴ) 전자가 가장 힘들게 튀어나올 수 있는 금속은 니켈이
다.

ㄷ) 전자가 쉽게 튀어나올 수 있는 순서는 세슘, 나트륨,
아연, 니켈, 은이다.

ㄹ) 일함수는 금속의 종류에 따라 다르다.

ㅁ) 일함수도 일종의 에너지이다.

답 전자가 쉽게 튀어나올 수 있기 위해서는 무엇보다도 일
함수가 작아야만 합니다.

일함수가 작은 순서는 세슘(1.9), 나트륨(2.3), 칼슘(2.7), 마그네슘(3.7), 아연(4.3), 은(4.7), 니켈(5.0)의 순서입니다. 그러니 이 순서대로 전자가 쉽게 튀어나오게 되겠죠!

따라서 ㄷ)이 옳은 답이 되기 위해서는 니켈(5.0)과 은(4.7)의 순서가 바뀌어야 합니다.

● **좀더 알아봅시다**

광전 효과의 특성에 대해서 간략하지만 좀더 구체적으로 알아봅시다.

금속 표면으로부터 광전자가 튀어나오게 하기 위해서는 금속에 비춰 주는 빛의 진동수가 모든 금속이 각각 특징적으로 가지고 있는 특정한 진동수 이상의 진동수가 되어야 할 필요성이 있는데, 이것을 한계 진동수라고 합니다.

한계 진동수 이상의 진동수를 금속에 비춰 주면 그것이 비록 아무리 짧은 시간 동안일지라도 금속으로부터 광전자를 얻어낼 수 있지만, 그렇지 못할 경우에는 아무리 긴 시간 동안일지라도 금속으로부터 광전자를 방출시켜 낼 수가 없습니다.

그러니 광전 효과에서 한계 진동수가 굉장히 중요한 역할을 하고 있다는 사실을 알 수 있겠죠.

또한 그렇다면 금속으로부터 방출되는 광전자가 갖게 되는 에너지, 즉 운동 에너지는 무엇과 관련될까요?

광전자를 방출시키기 위해서는 금속의 한계 진동수 이상이 필요하므로 금속으로부터 방출되는 광전자의 운동 에너지가 빛의 세기가 아닌 빛의 진동수에 관계하는 것은 당연한 것입니다.

그렇다고 광전 효과에서 빛의 세기가 아주 무시되는 것은 아닙니다. 금속으로부터 단위 시간 동안 방출되는 광전자의 수는 쪼여 주는 빛의 세기에 비례합니다.

둘째마당

전기의 원리

통하는 것과 통하지 않는 것
— 마찰 전기, 도체, 그리고 부도체 —

 이야기

18세기에 그레이라는 사람이 있었습니다. 그는 자신의 연구실에서 여러 가지 물질을 가지고 이것들이 전기를 통하는 물질인지 아닌지 실험했습니다.

그레이가 한 실험은 간단한 것이었습니다.

그는 우선 길이가 약 1m가 되는 유리 막대를 준비했습니다. 그리고는 이 유리 막대를 마찰시켰습니다. 그런 다음 이 유리 막대가 마찰에 의해서 전기를 띠는지 알아보기 위해서 자신의 손을 이 유리 막대에 대 보았습니다. 대는 순간 찌릿한 느낌과 함께 전기 자극이 그의 온몸에 전해졌습니다. 그는 놀랐습니다. 유리 막대로부터 받은 전기 자극이 의외로 강했기 때문입니다.

잠시 후 정신을 차린 그레이는 생각했습니다.

'이 유리 막대에 여러 가지 물질들을 갖다 대면 어떤 현상이 일어나게 될까? 혹시 달라붙지 않을까?'

그는 새털이나 종이같은 가벼운 물질들을 선택했습니다. 만약 유리 막대에 물질이 달라붙는다면 무거운 것보다는 가벼운 것이 더 쉽게 달라붙지 않을까요? 그레이도 이런 생각을 했던 것입니다.

그레이는 대전된 유리 막대에 새털과 종이를 갖다 대었습니다. 그랬더니 예상했던 대로 새털과 종이가 유리 막대에 달라붙었습니다.

그는 이것에서 한걸음 더 진전된 실험을 했습니다. 그는 자신의 연구실 천정에 명주실로 만든 고리를 나란히 매달고는 이 고리 사이로 실을 통과시켜 실이 수평을 유지할 수 있도록 했습니다. 그런 다음 마찰시켜 이미 대전되어 있는 유리 막대를 실의 한쪽 끝에 갖다 대고 또 다른 한쪽 끝에는 새털을 갖다 대었습니다. 그랬더니 새털이 실 쪽으로 달라붙었습니다.

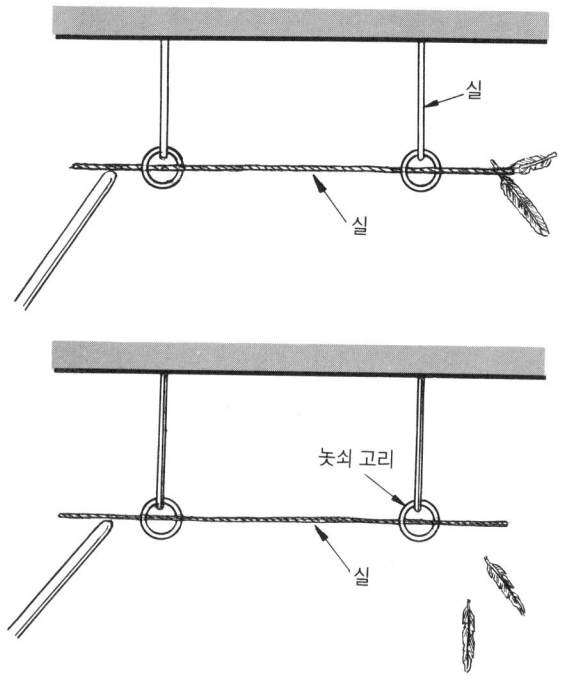

유리막대, 명주실, 새털, 놋쇠를 이용한 그레이의 전기실험

이번에는 명주실 고리 대신 놋쇠 고리 두 개를 천정에 매달고 똑같은 실험을 했습니다. 그랬더니 예상치 않은 일이 일어났습니다. 그레이는 새털이 달라붙을 것이라고 생각했는데 새털은 달라붙지 않았습니다.

그레이는 이 실험 결과에 대해 다음과 같은 판단을 내렸습니다.

'명주실 고리에 달라붙던 새털이 놋쇠 고리인 경우에 달라붙지 않은 이유는, 대전된 유리 막대의 전기가 새털까지 전해지지 못하고 그 중간에 있는 놋쇠 고리를 타고 천정으로 흘러갔기 때문이다!'

그래서 그레이는 이번에는 명주실 고리 사이에 쇠젓가락을 수평하게 걸쳐 놓았습니다. 그런 다음 앞에서 했던 실험과 똑같은 과정을 반복했습니다. 즉 그는 쇠젓가락의 한쪽 끝에 대전된 유리 막대를 갖다 대고 반대편 쪽에는 새털을 갖다 대었습니다. 그랬더니 새털이 달라붙었습니다.

이 현상으로부터 그레이는 쇠는 전기를 통한다는 사실을 알게 되었습니다.

계속해서 그레이는 주변에서 구할 수 있는 여러 가지 물질들을 이용해 똑같은 실험을 반복했습니다. 그레이는 이와 같은 많은 실험을 통해서 물질들 중에서 어떤 물질이 전기를 통하는 물질인지 아닌지를 알아낼 수 있었던 것입니다.

심지어 그의 정열적인 실험 욕구는 사람을 대상으로 인체에 전기가 통하는지 통하지 않는지를 밝히는 실험까지도 하게 했습니다. 그는 건장한 청년을 단단히 묶은 명주실의 고리에 수평이 되게 걸쳐 놓고 이 청년의 발바닥에 대전된 유리 막대를 갖다 대었습니다.

그레이는 생각했습니다.

'만약 이 청년의 몸에 전기가 통한다면 내가 이 청년의 머리카락을 만졌을 때 나는 전기의 자극을 느끼게 될 것이다.'

그레이의 생각은 적중했습니다. 그는 청년의 머리카락으로부터 전기 자극을 느꼈던 것입니다.

 사고하기

자연계에는 굉장히 복잡해 보이는 여러 현상들이 일어나고 있습니다. 그래서 자칫 자연계에는 굉장히 많은 종류의 힘이 존재하고 있는 것처럼 생각하기 쉽습니다.

그러나 자연계에는 많은 힘이 존재하고 있지 않습니다. 아니, 이렇게 말하기보다 다음과 같이 표현하는 편이 더 나을 것 같군요. 자연계에는 4가지의 기본적인 힘이 존재하고 있습니다. 이것은 중력, 전자기력, 강한 핵력, 그리고 약한 상호 작용력입니다.

중력은 우리가 앞에서 고찰해 본 우주의 기본적인 힘인 만유인력을 말합니다. 이 힘은 자연계에 존재하는 기본적인 4가지 힘 중에서 가장 약합니다.

강한 핵력과 약한 상호 작용력은 모두 원자보다 작은 입자들의 세계, 즉 양성자와 중성자같은 원자핵 내의 입자들 사이에서 작용하는 힘입니다.

전자기력은 쉽게 말해 전기와 자석의 힘이라고 생각하면 됩니다. 예를 들면 옷에 문지른 머리빗을 머리카락에 대면 머리카락이 어떤 힘에 의해서 붕 떠오르게 되고, 쇠붙이에 자석을 갖다 대면 어떤 힘에 의해서 쇠붙이가 자석에 끌려가지 않습니까?

이때 머리카락을 붕 떠오르게 하는 힘이 전기력이고, 쇠붙이를 끌어당기는 힘이 자기력입니다.

이러한 힘이 어떤 원인에 의해서 어떻게 발생되는지 정확하게 알지는 못했어도 이런 힘이 존재한다는 사실을 사람들이 경험적으로 안 것은 고대 시대부터였습니다.

고대 사람들은 철광석 중 자석 성분을 다량 함유하고 있는 광석인 자철광의 독특한 성질을 이미 알고 있었는데, 자석(magnet)은 이 광석이 발견된 지역의 이름(Magnesia)에서 연유된 것입니다.

그리스 자연 철학의 아버지라고 불리는 탈레스는 문지른 호박을 가벼운 물체에 갖다 대면 그 물체를 끌어당긴다는 사실을 알고 있었습니다. 전기(electricity)라는 단어는 호박의 그리스어인 'elektron'에서 유래된 것입니다.

명주 헝겊으로 문지른 두 개의 유리 막대를 서로 갖다 대면 이 둘 사이에는 서로 반발하는 힘이 작용합니다.

그러나 유리 막대를 명주 헝겊으로 문지르고 플라스틱 막대를 털가죽으로 문지른 다음 서로 갖다 대면, 이 두 개의 막대는 서로 끌어당깁니다. 즉 이 둘 사이에는 서로 끌어당기는 힘이 작용합니다.

이런 현상이 일어나는 이유는 두 개의 서로 다른 물체를 문지를 때 물체는 전기를 띠기 때문입니다. 이처럼 물체를 마찰시켰을 경우 물체에 발생되는 전기를 마찰 전기 또는 정전기라고 합니다.

마찰시킨 물체가 가질 수 있는 전기에는 두 가지 종류가 있습니다. 즉 양(+)의 전기와 음(−)의 전기입니다.

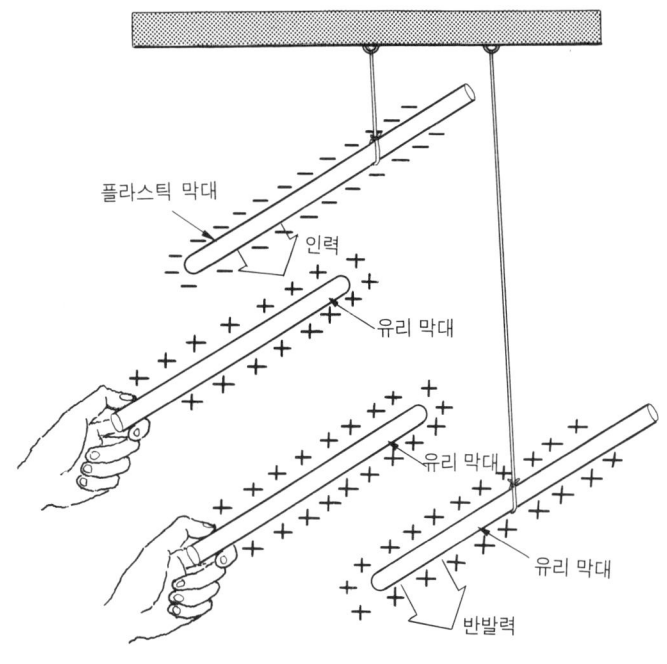

플라스틱 막대

인력

유리 막대

유리 막대

유리 막대

반발력

마찰 전기 현상

예를 들면 앞에서 마찰시킨 두 개의 막대 중 유리 막대는 양(+)의 전기를 띠고, 플라스틱 막대는 음(−)의 전기를 띠게 됩니다.

그렇다면 우리는 유리 막대와 플라스틱 막대를 가지고 한 실험 결과로부터 무엇을 알 수 있을까요?

같은 성질의 전기끼리는 밀어내고, 다른 성질의 전기끼리는 끌어당긴다는 사실입니다. 다시 말하면 양(+)의 전기와 양(+)의 전기 또는 음(−)의 전기와 음(−)의 전기를 띤 물체 사이에는 서로 반발하는 힘이 작용하고, 양(+)의 전기와 음(−)의 전기를 띤 물체 사이에는 서로 끌어당기는 힘이 작용하고 있다는 사실입니다.

우리는 앞에서 '대전된 유리 막대'라고 하면서 '대전'이라는 단어를 설명 없이 사용했습니다. 그러면 간략하게 대전이 어떤 의미를 가지고 있으며 그것과 관련된 몇 가지 용어를 알아봅시다.

물체가 양(+)의 전기든지 또는 음(−)의 전기든지 전기를 띠는 것을 대전이라고 합니다. 그리고 이때 대전된 물체를 대전체라고 하며 대전체가 띤 전기, 즉 양(+)이나 음(−)을 전하라고 하고, 대전체가 가지고 있는 전기의 양을 전하량이라고 합니다.

이제 우리는 중요한 몇 가지 용어를 알았으므로 어렵지 않게 마찰 전기가 발생하는 원인을 좀더 쉽게 이해할 수 있게 되었습니다.

물체를 계속 자르면 무엇이 나오게 되죠?

분자가 나오게 됩니다.

그렇다면 분자를 또 자르면 무엇이 나타납니까?

원자가 나타납니다.

모든 물체는 원자로 이루어져 있습니다. 사람 또한 예외가 아닙니다. 그럼 원자는 더 이상 잘라지지 않는 가장 작은 존재일까요?

아닙니다. 원자는 그 속에 자신보다 더 작은 존재가 들어 있습니다. 이 작은 존재가 바로 전자와 원자핵입니다.

원자 내부의 세계에 대해서 좀더 구체적으로 말하면 원자의 중심에는 원자핵이 자리잡고 있으며, 원자핵 주위를 전자가 매우 빠른 속력으로 회전하고 있습니다.

이것은 마치 태양을 중심으로 해서 태양계의 아홉 개 행성들이 태양의 둘레를 회전하고 있는 것과 비슷합니다. 그래서 원자의 세계를 작은 태양계의 세계라고도 합니다.

그런데 원자를 구성하고 있는 전자와 원자핵은 상반된 특성을 가지고 있습니다. 이 상반된 특성 중에는 크기나 질량같은 외형적인 특성뿐만 아니라 전하가 양($+$)이냐 음($-$)이냐의 내면적인 특성도 있습니다.

전자는 음($-$)의 전하를 띠면서 크기가 매우 작은 존재인데 비해서 원자핵은 양($+$)의 전하를 띠면서 굉장히 큰 존재입니다.

그러나 원자 내부에 존재하고 있는 각각의 총 전하량은 똑같습니다. 즉 전자의 전하인 음($-$)의 총 전하량과 원자핵의 전하인 양($+$)의 총 전하량은 항상 같습니다. 때문에 원자는 항상 전기적으로 중성을 띠고, 모든 물체가 그 자체로는 전기를 띠지 못합니다.

그렇지만 물체를 마찰시키는 행위와 같은 일련의 반복된 행위를 물체에 가했을 경우에는 그 상황이 바뀝니다. 왜냐하면 이럴 경우에는 마찰이라는 형태가 물체의 원자 내부 상태에 변화를 줄 수 있기 때문입니다.

원자 상태의 내부 변화란 원자 내부의 전자들이 마찰시키는 물체 사이를 오가게 된다는 것입니다. 이렇게 되면 어떤 물체는 전자의 수가 더 많아져서 전체적으로 중성이 아니라 음($-$)의 상태로 변할 것이고, 또 이와는 반대로 어떤 물체는 전자의 수가 더 적어져서 전체적으로 중성이 아니라 양($+$)의 상태로 변하게 될 것입니다.

우리 주변에 있는 많은 물체들 가운데 어떤 물체는 전기가 잘 통하는데, 또 어떤 물체는 전기가 잘 통하지 않습니다. 전하를 잘 이동시키는 물체는 전기가 잘 통하고, 전하를 잘 이동시키지 못하는 물체는 전기가 잘 통하지 않습니다.

예를 들면 알루미늄은 전기를 전달할 수 없는데 그 이유는 전하가 잘 움직이지 않기 때문이며 고무가 전기를 전달할 수 없는 것도 마찬가지 이유 때문입니다.

전기를 잘 전달하는 알루미늄, 구리 등과 같은 물체를 도체라고 합니다. 반대로 전기를 잘 전달하지 못하는 고무나 공기 등과 같은 물체를 부도체라고 합니다. 그리고 도체와 부도체의 중간에서 전기를 통하게 하는 물질이 있는데 이런 물질을 반도체라고 합니다. 반도체로는 실리콘이나 게르마늄과 같은 물질이 있습니다.

도체와 부도체를 가지고 하는 전기 실험 중에 매우 흥미로운 것이 있습니다.

그림과 같이 알루미늄 공 두 개를 명주실로 매달아 천정에 붙인 다음 서로 접촉시켜 놓았습니다. 그런 다음 음($-$)으로 대전된 플라스틱 막대를 (가)의 알루미늄 공에 가까이 가져가면 양($+$)으로 대전되고, (나)의 알루미늄 공은 음($-$)으로 대전됩니다.

이처럼 전기가 잘 통하는 물체, 즉 도체에 양($+$)이나 음($-$)으로 대전된 대전체를 가져가면 대전체와 가까운 쪽에 위치한 도체는 대전체와 반대되는 전하를 띠게 되고, 먼 쪽에 위치한 도체는 대전체와 같은 전하를 띠게 됩니다.

이런 현상을 정전기 유도 현상이라고 합니다.

그렇다면 대전된 물체를 하나의 도체에 가져갔을 경우에는 어떤 현상이 일어나게 될까요?

이 경우에도 역시 대전체와 가까운 쪽에는 대전체와 반대되

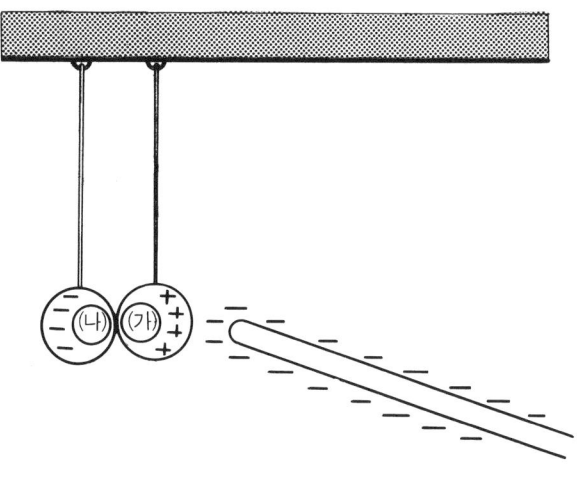

정전기 유도 현상

는 전하를 띠게 되고, 대전체로부터 먼 쪽에는 대전체와 같은
성질의 전하를 띠게 됩니다.

 탐구하기

문 폴리에틸렌 막대를 털가죽에 문질렀더니 폴리에틸렌 막
대가 음(−)의 전기를 띠었습니다. 이 폴리에틸렌 막대
를 은으로 만든 공에 가까이에 가져갔을 때 은으로 만든 공에
는 어떠한 전기적인 배열이 나타나게 될까요?

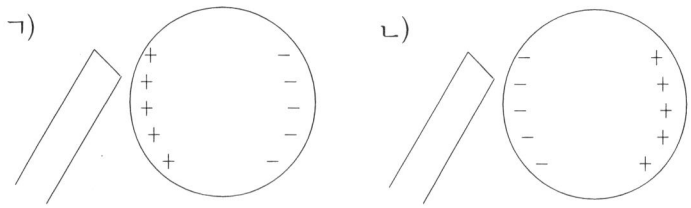

ㄱ)   ㄴ)

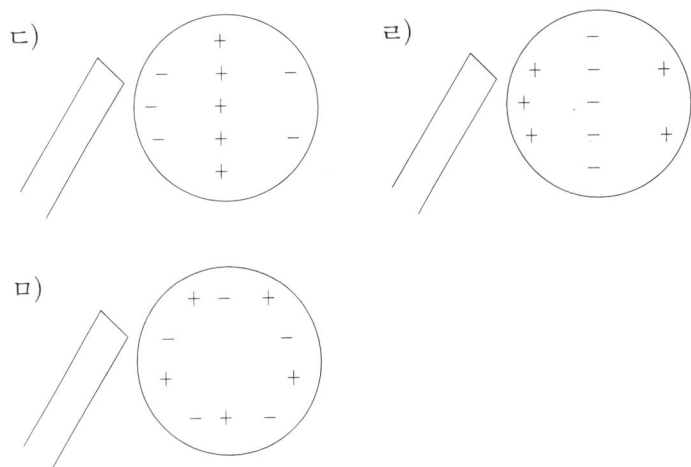

ㄷ)   ㄹ)

ㅁ)

![답] 물체들 중에는 전기를 잘 전달하는 물체, 전기를 전달하지 못하는 물체, 그리고 전기를 약간만 전달하는 물체가 있습니다.

전기를 잘 전달하는 물체를 도체라고 합니다. 은은 전기를 잘 전달하는 도체입니다.

도체가 전기를 잘 전달할 수 있는 이유는 물체 속의 양(+)의 전기와 음(−)의 전기가 자유롭게 움직일 수 있기 때문입니다.

따라서 도체인 은에 음(−)의 전기를 띤 막대를 갖다 대면 양(+)의 전기는 막대 쪽에, 음(−)의 전기는 막대의 반대쪽에 배열됩니다. 왜냐하면 음(−)의 전기와 음(−)의 전기는 서로 밀치고, 음(−)의 전기와 양(+)의 전기는 서로 끌어당기기 때문입니다. 따라서 정답은 ㄱ)입니다.

![문] 유리 막대를 명주 헝겊에 문질렀더니 유리 막대가 양(+)의 전기를 띠었습니다. 이 유리 막대를 고무로 만든

공에 가까이 가져갔을 때 고무로 만든 공에는 어떠한 전기적
인 배열이 나타나게 될까요?

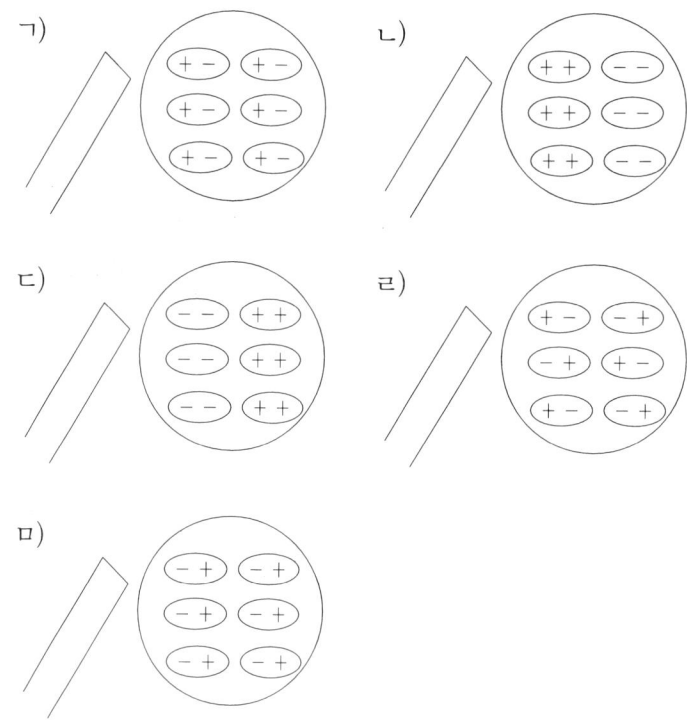

ㄱ)

ㄴ)

ㄷ)

ㄹ)

ㅁ)

답 전기를 전달하지 못하는 물체를 부도체라고 합니다.
  고무는 전기를 전달하지 못하는 부도체입니다. 부도체가
전기를 전달하지 못하는 이유는 물체 속의 양(+)의 전기와
음(−)의 전기가 자유롭게 움직일 수 없기 때문입니다.
  그렇지만 부도체에 대전된 물체를 가까이 댈 경우 내부의
전기적인 배열에는 변화가 생깁니다. 즉 비록 양(+)의 전기
와 음(−)의 전기가 부도체 내부를 자유롭게 움직일 수 없지

만, 대전된 물체가 부도체 근처에 오게 되면 부도체의 분자들은 제자리에서 규칙적인 전기 배열을 하게 됩니다.

양(+)의 전기끼리는 서로 밀치고 양(+)의 전기와 음(−)의 전기는 서로 끌어당기듯이 부도체인 고무에 양(+)으로 대전된 유리 막대를 갖다 대면 ㅁ)에 나타난 모양처럼 음(−)의 전기는 막대 쪽에, 양(+)의 전기는 막대의 반대쪽에 배열됩니다.

따라서 정답은 ㅁ)입니다.

● **좀더 알아봅시다**

두 물체를 마찰시키면 각각의 물체는 양(+)의 전하와 음(−)의 전하로 나누어집니다. 즉 같은 물체라도 서로 마찰시키는 물체의 종류에 따라서 양(+)의 전하와 음(−)의 전하로 대전됩니다.

그렇다면 물체들 사이에는 양(+)의 전하, 음(−)의 전하를 띠게 되는 순서가 있지 않겠어요? 이런 물질의 배열을 대전열이라고 합니다.

예를 들면 여러 물질의 대전열은 다음과 같습니다.

양(+)의 전하 : 털가죽―상아―털헝겊―수정―유리―명주―나무―솜―고무―셀룰로이드―폴리에틸렌 : 음(−)의 전하

이 대전 배열은 서로 마찰시킨 두 개의 물체 중에서 양(+)의 전하 쪽에 좀더 가깝게 치우쳐 있는 물체는 양(+)의 전하, 음(−)의 전하 쪽에 좀더 가깝게 치우쳐 있는 물체는 음(−)의 전하로 대전되는 순서입니다.

라이덴 병
— 축전기 —

 이야기

전기를 발견한 초기에는 마찰에 의해서 전기를 발생시키는 방법을 주로 사용했습니다. 그런데 전기를 사용하는 데 있어서 한 가지 보충되었으면 하는 바람이 있었습니다. 이것은 전기를 저장해서 사용하면 좋겠다는 것이었습니다. 마찰에 의해서 만들어진 전기를 그대로 둔다면 곧 사라져 버리기 때문이었습니다.

맨 처음 이런 생각을 행동으로 실천한 사람은 독일의 뮈센부르크였습니다. 1746년 라이덴 대학의 물리학 교수였던 뮈센부르크는 며칠 동안 한 가지 고민에 빠져 있었습니다.

'전하를 저장해서 사용할 수는 없을까?'

이 문제에 대해서 뮈센부르크는 다음과 같은 방법을 제시했습니다.

'대전된 물체를 전기가 통하지 않는 물체로 완전히 둘러싸면 대전된 물체로부터 전하가 도망가는 것을 막을 수 있지 않을까?'

그는 자신의 생각이 옳은지 그른지 실험을 통해 알아보기로 했습니다.

그는 유리병에 물을 담고 쇠막대기의 한쪽 끝에 쇠줄을 매단 다음 이 사슬을 물이 담긴 유리병에 집어넣었습니다. 그리고 쇠막대의 또 다른 한쪽 끝에는 전기 발생 장치를 연결시킨 다음 전기 발생 장치를 회전시켰습니다. 어느 정도의 시간이 지난 후 그는 생각했습니다.

'전기 장치에서 발생된 전기는 쇠막대기를 따라 한쪽 끝에 연결된 쇠줄을 타고 유리병 속으로 옮겨 갔을 것이다. 만약 내 생각이 옳다면 전기 발생 장치를 회전시키지 않더라도 유리병 속에 저장된 전하 때문에 쇠막대기에는 전기가 통할 것이다.'

그는 자신의 생각이 옳은지 그른지를 확실하게 검증하기 위해 쇠막대기를 만져 보았습니다. 그랬더니 예상했던 것보다 훨씬 강력한 전기 자극이 느껴졌습니다.

이 실험으로 뮈센부르크의 마음속에는 전기 충격에 대한 두려움과 또 한편으로는 자신의 생각이 옳았다는 것에 대한 기쁨이 자리잡았습니다.

이렇게 해서 전기를 저장할 수 있는 병이 발명된 것입니다. 이것을 라이덴 병이라고 합니다.

그후 라이덴 병은 사용하기 편리하도록 만들어졌는데 물 대신 금속으로 된 얇은 막을 병의 안쪽에 붙인 개량된 병이 그 중의 한 가지입니다.

 사고하기

뮈센부르크에 의해 라이덴 병이 발명됨으로써 전기도 저장해서 사용할 수 있게 되었습니다.

그렇다면 라이덴 병의 원리를 이용해서 만들어진 것이 무엇일까요?

바로 축전기입니다. 축전기가 낯선 이름인가요?

그렇다면 콘덴서는 어떻습니까?

콘덴서, 콘덴서, 콘덴서…….

아마 그렇게 낯설지 않은 이름일 겁니다. 축전기가 바로 콘덴서입니다.

소형 라디오나 전기 부품을 분해해 본 경험이 있는 사람은 그 안에 나란히 놓여 있는 조그만 두 개의 얇은 판을 기억할 것입니다.

이것이 바로 콘덴서 또는 축전기입니다. 즉 축전기는 두 개의 금속판이 일정한 간격을 두고 서로 마주 보는 구조로 이루어져 있는 전기 저장장치입니다.

그러면 축전기는 어떻게 해서 전기를 저장할 수 있는지 그 원리를 알아보도록 할까요?

마찰이나 그 밖의 다른 방법으로 도체에 전하를 줄 수만 있다면 도체에 전하를 저장시킬 수 있습니다.

그런데 도체가 홀로 있을 경우 도체에 주어진 전하 사이에 서로 반발하는 힘이 발생합니다. 왜냐하면 도체에 주어진 전하는 양(+)이든 음(−)이든 하나의 전하일 것이고, 같은 전하 사이에는 서로 반발하는 힘이 발생하기 때문입니다.

바로 이런 이유 때문에 도체가 홀로 있을 경우에는 전하를 도체 속에 저장시키더라도 전하가 오랫동안 머무를 수 없는 것입니다.

그렇다면 어떤 방법을 사용하면 좋을까요?

도체로부터 전하가 쉽게 날아가는 것이 바로 반발력 때문이라고 했지요? 그러니 반발력을 줄이거나 없앰으로써 전하를 날아가지 못하게 하면 되지 않겠어요? 그렇다면 어떻게 해야 할까요?

반발력을 상쇄시킬 수 있는 또 다른 힘을 만들어 내면 될 것입니다. 즉 하나의 도체에 주어진 전하와 반대되는 전하를 가진 또 하나의 도체를 만들면 될 것입니다.

이렇게 된다면 이제는 두 개의 서로 다른 전하 사이에 끌어당기는 힘이 작용하기 때문에 아주 오랜 시간 동안 전하를 도체 속에 저장시킬 수 있습니다. 이런 원리 때문에 축전기는 두 개의 판이 서로 마주 보고 있는 것입니다.

전하를 간단하게 저장시키는 방법

　전기가 발견된 초기에는 축전기 하나 만드는 것도 대단한 일이었을지 모르지만 지금은 아주 간단하게 누구나 만들 수 있습니다.

　예를 들면 건전지 한 개를 사서 두 개의 평행한 금속판의 한쪽에는 양(+)의 전기를 그리고 다른 한쪽에는 음(−)의 전기를 공급시켜 주면 두 금속판 사이에는 양(+)의 전기와 음(−)의 전기가 대전되면서 전하가 축적되지 않겠어요?

　이때 두 금속판 사이에 저장되는 전하는 둘 사이의 전압이 건전지의 전압과 같아질 때까지 계속됩니다.

　이렇게 되면 건전지를 떼어 낸다 해도 이 두 개의 금속판 사이의 전하는 서로 끌어당기는 관계를 지속시키기 때문에 건전지로부터 공급된 전하량을 그대로 유지시킬 수 있어 오랜 시간이 지난 후에도 이것을 사용할 수가 있습니다.

전하를 축적시키는 것을 충전이라고 하고 이와는 반대로 전하가 사라지는 것을 방전이라고 합니다.

그러면 평행판 축전기 사이에 얼마 만큼의 전하가 축적될 수 있으며 또한 그것은 어떤 것에 영향을 받는지 알아보도록 합시다.

평행판 축전기의 전기 용량은 평행판의 넓이가 넓으면 넓을수록 커지고, 두 평행판 사이의 떨어진 거리가 멀어지면 멀어질수록 작아집니다. 또한 평행판 축전기의 전기 용량은 판 사이에 들어가는 물질의 종류에 따라서 축전기의 형태가 나누어집니다.

예를 들면 그 사이에 운모를 끼워 넣느냐, 공기를 집어넣느냐, 주석이나 종이를 끼워 넣느냐에 따라서 다양한 형태의 축전기가 만들어집니다.

전기 용량을 C, 평행판의 넓이를 s, 평행판 사이의 떨어진 거리를 d라고 하면 평행판 축전기의 전기 용량은 다음과 같습니다.

$$C = \varepsilon \frac{s}{d}$$

여기에서 ε는 평행판 사이에 들어가는 물질의 종류에 따라서 정해지는 값으로 이것을 물질의 유전율이라고 합니다.

그렇다면 평행판 사이에 물질을 왜 끼워 넣는 것일까요?

평행판 사이에 물질을 끼워 넣는 이유는 축전기의 전기 용량을 높이기 위해서입니다. 실제로 똑같은 조건하에서 축전기의 전기 용량을 실험해 보면 평행판 사이에 물질을 끼워 넣은 경우에 더 많은 전기가 축적됨을 알 수 있습니다.

이렇게 해서 축전기에는 또 하나의 새로운 개념이 만들어집니다. 그것이 바로 비유전율입니다.

비유전율이란 축전기의 평행판 사이에 아무 물질도 끼워 넣지 않은 상태, 즉 진공 상태에서 측정한 축전기의 전기 용량과 평행판 사이에 물질을 끼워 넣은 상태에서 측정한 축전기의 전기 용량의 비를 말합니다.

비유전율을 K, 평행판 사이에 물체를 넣었을 경우 측정한 전기 용량을 C_1, 평행판 사이가 진공일 경우에 측정한 전기 용량을 C_0라고 할 경우 비유전율은 다음과 같이 정의합니다.

$$K = \frac{C_1}{C_0}$$

 탐구하기

 평행판 축전기의 전기 용량을 높이기 위해서는 여러 가지 방법을 이용할 수 있습니다.

그러면 평행판 축전기의 전기 용량을 높이기 위한 다음의 방법 중 옳은 것은 어느 것일까요?

(가) 두 극판 사이의 거리를 더 멀게 한다.

(나) 두 극판의 면적을 작게 한다.

(다) 두 극판 사이에 운모와 같은 물질을 넣는 것은 아무 도움이 안 된다.

ㄱ) (가), (나), (다) 모두 옳다.

ㄴ) (가)와 (나)만 옳다.

ㄷ) (나)와 (다)만 옳다.

ㄹ) (나)만 옳다.

ㅁ) 옳은 것은 하나도 없다.

답 평행판 축전기의 전기 용량은 두 극판 사이의 떨어진 거리, 두 극판의 면적, 두 극판 사이에 들어가는 유전체에 영향을 받습니다. 다시 말하면 평행판 축전기의 전기 용량을 높이기 위해서는 두 극판 사이의 거리를 더 가깝게 하고, 두 극판의 면적을 넓게 하고, 두 극판 사이에 운모와 같은 물질을 넣어야만 합니다.

그러므로 두 극판 사이의 거리를 더 멀게 하거나, 두 극판의 면적을 작게 하거나, 두 극판 사이에 운모와 같은 물질을 넣지 않는 것은 모두 전기 용량을 높이는 것과는 반대되는 것입니다.

따라서 정답은 ㅁ)입니다.

문 평행판 축전기의 전기 용량을 늘리기 위해 두 극판 사이의 거리를 두 배로 늘렸습니다. 두 극판의 면적 또한 네 배로 넓혔습니다.

그러면 평행판 축전기의 전기 용량은 몇 배로 커졌을까요?

ㄱ) 커지기는커녕 오히려 줄어들었다.

ㄴ) 변하지 않고 이전과 똑같아졌다.

ㄷ) 두 배로 커졌다.

ㄹ) 네 배로 커졌다.

ㅁ) 여덟 배로 커졌다.

답 평행판 축전기의 전기 용량은 두 극판 사이의 떨어진 거리에 반비례하고 면적에 비례합니다.

따라서 평행판 축전기의 전기 용량은 이전보다 두 배만큼 증가하게 될 것입니다. 따라서 정답은 ㄷ)입니다.

● 좀더 알아봅시다

축전기를 연결시키는 방법에는 전지를 연결시키는 방법처럼 직렬 연결과 병렬 연결이 있습니다. 이 두 방법 중 어느 것을 선택하느냐에 따라서 전체 축전기의 전기 용량에는 차이가 있습니다.

각각의 축전기가 가지고 있는 전기 용량을 C_1, C_2, C_3, C_4, C_5 …… 전체 축전기의 전기 용량을 C 라고 했을 때 축전기를 직렬로 연결시켰을 경우와 병렬로 연결시켰을 경우 전체 전기 용량은 다음과 같습니다.

직렬 연결 : $\dfrac{1}{C} = \dfrac{1}{C_1} + \dfrac{1}{C_2} + \dfrac{1}{C_3} + \dfrac{1}{C_4} + \dfrac{1}{C_5} + \cdots\cdots$

병렬 연결 : $C = C_1 + C_2 + C_3 + C_4 + C_5 + \cdots\cdots$

서로 연관이 없는 존재가 아니라니까요?

— 전류의 자기 작용 —

 이야기

19세기 덴마크에 에르스텟이라는 물리학자가 있었습니다.

어느 날 그가 학생들 앞에서 전기와 자기에 관한 강의를 하고 있었습니다.

에르스텟은 학생들의 이해를 돕기 위해서 전기 실험 도구로 전지와 긴 전선을 이용했습니다.

그는 아무런 생각없이 전선을 전지에 연결시켰습니다. 그리고 학생들에게 말했습니다.

"자, 여러분, 이번에는 전선을 나침반 바늘과 평행하게 놓아 봅시다."

그는 전류가 전선에 흐를 수 있도록 스위치를 눌렀습니다. 그랬더니 매우 신기한 현상이 일어났습니다. 즉 나침반의 바늘이 움직이기 시작했습니다. 이것을 본 학생들은 놀랐습니다.

에르스텟은 이 현상이 좀더 자세하게 실험해 볼 가치가 있는 것이라고 생각했습니다. 그는 이 현상이 전지에 의한 것이라고 생각했습니다.

'이 현상이 정말로 전지에 의한 것이라면 전지의 수를 증가시켜 동일한 실험을 했을 경우 이전보다 더 명확한 현상이 발

생하게 될 게 분명해.'

다음 실험에서 그는 수십 개의 전지를 사용했습니다.

그랬더니 예상한 대로 나침반의 바늘이 강하게 회전했습니다.

이 실험 결과에 만족한 에르스텟은 다음 실험에서는 전지의 방향을 바꿔 보아야겠다고 생각했습니다. 그가 이렇게 생각한 것은 다음과 같은 이유 때문입니다.

'전지의 방향을 바꾸면 전선에 흐르는 전류의 방향 또한 바뀌지겠지. 그렇다면 전류의 방향을 바꿔 전과 똑같은 실험을 하면 틀림없이 또 다른 현상이 일어날 것이다. 아마 내 예상으로는 나침반의 바늘이 이전과는 반대 방향으로 회전할 것이다.'

물론 그 실험의 결과 나침반의 회전하는 방향이 이전과는 반대 방향으로 나타났습니다.

 사고하기

에르스텟은 단순한 실험을 했지만 그가 얻어낸 결과는 굉장히 훌륭한 것이었습니다.

에르스텟의 발견이 있기까지 사람들은 전기 현상과 자기 현상 사이에는 아무런 연관도 없다고 생각했습니다. 즉 전기 현상과 자기 현상을 개별적인 것이라고 생각하고 있었던 것입니다.

그러나 에르스텟은 이런 생각이 틀렸음을 밝혀 낸 것입니다.

그가 발견한 결과가 어떤 의미를 가지며, 어떻게 전기와 자기의 분야에 이바지했는지 알아봅시다.

쇠붙이는 자석에 달라붙습니다. 이것은 자석이 어떤 힘을 작용시켜 끌어당기기 때문입니다. 이처럼 자석이 쇠붙이를 잡아당기는 힘을 자기력이라고 합니다.

그런데 자기의 힘과 전기의 힘 중에는 매우 비슷한 성질이 있습니다. 이것은 같은 극끼리는 서로 밀치는 힘이 작용하고, 다른 극끼리는 서로 잡아당기는 힘이 작용한다는 것입니다. 즉 양(+)의 전기와 양(+)의 전기, 음(−)의 전기와 음(−)의 전기는 서로 밀치는 힘이 작용하고, 양(+)의 전기와 음(−)의 전기는 서로 잡아당기는 힘으로 작용하는 것처럼 자석의 N극과 N극, S극과 S극은 서로 밀치는 힘이 작용하고 N극과 S극은 서로 잡아당기는 힘으로 작용합니다.

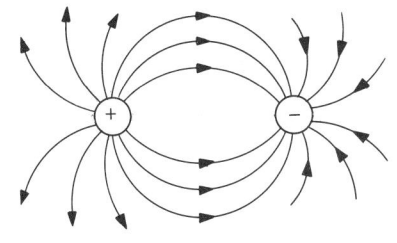

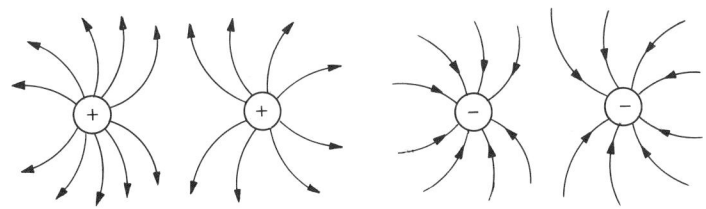

전기력선의 모양

그렇다면 자석의 N극과 S극은 어떤 극일까요?

막대 자석 주위에 나침반을 놓아 봅시다. 그러면 나침반의 바늘이 움직이겠죠. 그런데 움직이는 나침반 바늘의 방향은 나침반이 막대 자석 주위에 놓인 위치에 따라서 일정하지 않습니다.

이때 막대 자석 주위에 놓인 여러 개의 나침반 바늘이 가리키는 방향을 하나의 곡선으로 연결하는 것은 그리 어려운 일

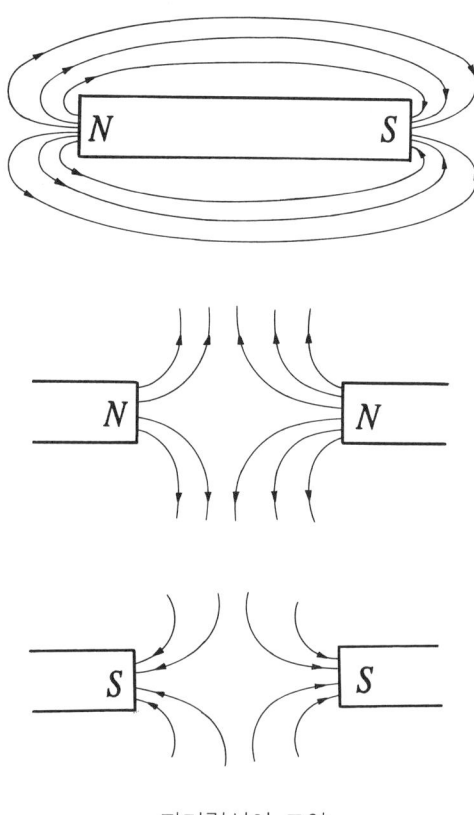

자기력선의 모양

이 아닙니다.

그려진 곡선은 막대 자석에서 방출한 힘의 곡선이 될 것입니다. 이것을 자기력선이라고 합니다.

그리고 자기의 힘, 즉 자기력이 미치는 공간을 자기장이라고 합니다. 전기장 방향을 양(+)에서 음(−)으로 지정한 것처럼 자기장의 방향은 N극에서 S극으로 지정합니다.

이렇듯 전기와 자기 사이에는 비슷한 점이 많지만 한편으론 큰 차이가 하나 있습니다.

이것은 전기에서는 양(+)과 음(−)이 분리될 수 있는 반면에, 자기에서는 N극과 S극이 분리될 수 없다는 것입니다. 이것과 관련된 매우 흥미있는 문제가 있습니다.

여기에 막대 자석이 한 개 있습니다. 만약 이 막대 자석의 중간 부분을 자르면 어떻게 될까요? 다시 말하면 잘려진 막대 자석에는 N극만이 남아 있게 될까요, 아니면 S극만이 남아 있게 될까요, 아니면 N극과 S극 두 개의 극이 모두 존재할까요?

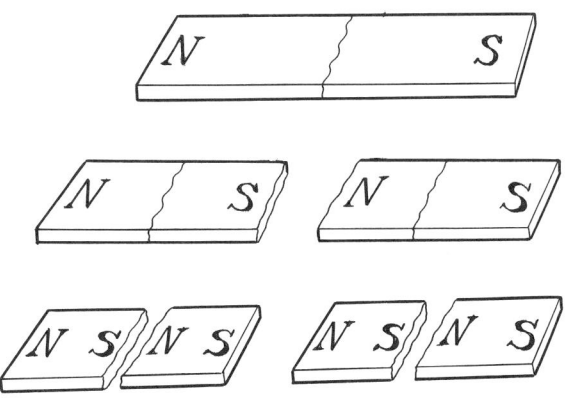

잘려진 막대 자석

결론부터 말하면 잘려진 막대 자석에는 N극과 S극이 모두 남아 있습니다. 물론 잘려진 한쪽의 막대 자석에만 N극과 S극이 모두 존재하게 되는 것은 절대로 아닙니다. 두 동강난 막대 자석 모두에 N극과 S극이 존재합니다.

이것이 바로 자석에서는 N극과 S극이 서로 분리될 수 없다는 의미입니다.

만약 막대 자석을 세 등분, 네 등분……, 억 등분을 한다 할지라도 분할된 막대 자석에는 항상 N극과 S극이 함께 존재합니다.

에르스텟은 전선에 전류가 흐르면 직선 모양의 전선 주위에 갖다 놓은 나침반의 바늘이 움직인다는 사실을 발견했습니다.

그렇다면 편평한 종이 위에 쇳가루를 뿌려 놓고 종이를 뚫고 지나가는 방향(수직 방향)으로 전선이 지나가게 해 봅시다. 그런 다음 이 전선에 전류를 흐르게 하면 어떤 현상이 일어날까요?

쇳가루가 직선의 전선 주위에 동심원을 그리면서 배열하게 됩니다. 이것은 직선의 전선 주위에 생기는 자기장의 모양과 같습니다.

그러면 이번에는 전선에 흘려 주는 전류의 방향을 반대로 하면 어떤 현상이 일어날까요? 물론 이때에도 전선 주위의 자기장 모양이 동심원이기 때문에 전선 주위에 배열하는 쇳가루의 모양도 동심원이 됩니다. 그렇지만 이 경우에 앞의 자기장의 방향과는 반대 방향이 됩니다.

그런데 자기장의 방향이 반대가 되는지는 쇳가루가 그린 동심원만을 가지고서는 알 수 없습니다.

그러면 어떻게 해야 알 수 있을까요?

직선의 전선 주위에 나침반을 놓아 두면 쉽게 알 수 있습니다. 만약 자기장의 방향이 변한다면 나침반 바늘이 가리키는 방향이 반대가 될테니까요.

직선의 전선 주위에 생긴 자기장의 방향과 전선을 흐르는 전류의 방향 사이에는 일정한 규칙이 있습니다. 즉 직선의 전선에 흐르는 전류의 방향이 바뀌더라도 두 방향 사이에는 일정한 규칙이 존재합니다.

한번 자세히 관찰해 보세요? 전류가 흐르는 방향 쪽으로 나사를 집어넣는다고 하고 시계 방향 쪽으로 회전시키면 그 방향이 바로 자기장의 방향이 되지 않을까요?

그리고 오른손 엄지손가락은 전류가 흐르는 방향이 되게 하고, 나머지 네 손가락으로 전선을 감아 쥐면 네 손가락은 ―

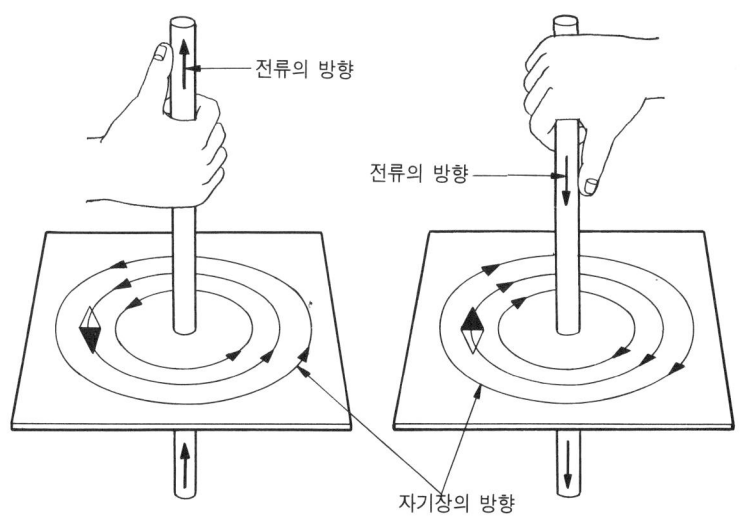

전류의 방향

전류의 방향

자기장의 방향

오른 나사의 법칙(앙페르의 오른손 법칙)

전선을 감은—자기장의 방향이 되지 않을까요?

이 법칙을 오른 나사의 법칙 또는 앙페르의 법칙이라고 합니다.

그러면 직선의 전선 주위에 생기는 자기장의 세기는 거리에 따라서 어떻게 변할까요? 직선의 전선 중심으로부터 거리가 멀어질수록 자기장의 방향이 약해지리라는 사실은 누구나 알 수 있을 것입니다.

그렇습니다. 직선의 전선 주위에 생기는 자기장의 세기는 전선의 중심으로부터의 거리에 반비례합니다.

이번에는 원형 전류에 의해서 만들어지는 자기장에 대해서 알아봅시다.

직선 전선의 자기장 방향을 알아본 것과 같이 이번에도 종이 위에 쇳가루를 뿌려 그 방향을 알 수 있습니다.

원형으로 구부린 전선이 종이를 뚫고 지나가게 한 다음 이 전선에 전류를 흐르게 하면 그 전선 양쪽에는 직선의 전선 주위에 생긴 자기장과 같은 자기장 즉 전선 주위로 동심원을 그리는 자기장이 만들어집니다.

물론 이때에도 자기장의 방향을 알기 위해서는 전선 주위에

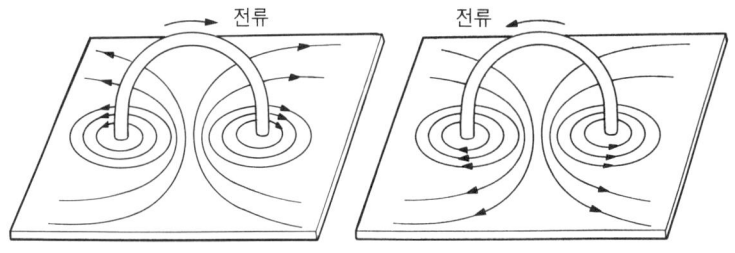

원형 전류 주위에 생기는 자기장

나침반을 놓으면 됩니다.

그러면 이 결과로부터 원형 전류 주위로 생기는 자기장의 방향 또한 오른 나사의 법칙에 따라서 만들어진다는 사실을 알 수 있겠죠! 그리고 이때에도 직선 전선의 자기장의 세기처럼 자기장의 세기는 원형 전선의 중심으로부터의 거리에 반비례합니다.

한 사람의 힘보다는 여러 명의 힘이 더 강하지 않습니까? 그러므로 하나의 원형 전선을 이용하기보다는 여러 개의 원형 전선을 사용하는 것이 더 나을 것입니다.

이런 목적으로 기다란 원통에 원형의 도선을 여러 번 감은 것이 있는데 이것을 이른바 솔레노이드라고 합니다. 즉 못에 구리줄을 감은 전자석 같은 것을 솔레노이드라고 생각하면 됩니다. 솔레노이드란 원형 전선을 여러 개 합친 것이므로 그 효과 또한 여러 개의 원형 전류가 합쳐진 것과 같습니다.

솔레노이드 내부에서의 자기장의 방향은 오른손 엄지손가락을 펴고 나머지 네 손가락을 전류의 방향으로 감아 쥐면,

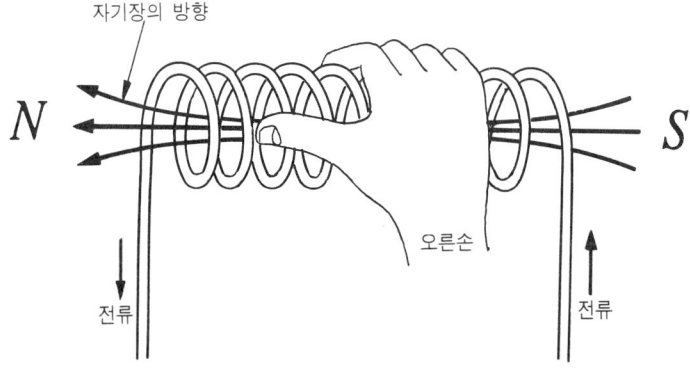

솔레노이드 내부에서의 자기장

이때 엄지손가락이 지시하는 방향이 됩니다. 즉 엄지손가락이 가리키는 방향이 N극이 됩니다.

그리고 솔레노이드 내부에서의 자기장의 세기는 기다란 원통에 감긴 원형 전선의 수와 전류의 세기에 비례합니다. 즉 감겨진 원형 전선의 수가 많으면 많을수록, 그리고 전선에 흐르는 전류의 세기가 강하면 강할수록 솔레노이드 내부에서의 자기장의 세기는 커집니다.

지금까지 우리는 전선 주위에 생기는 자기장의 모양과 그것을 알아내는 방법(앙페르의 법칙, 오른 나사의 법칙)에 대해 알아보았습니다.

이 모든 것이 에르스텟의 업적 덕분입니다. 에르스텟의 업적은 여기에서 머무르지 않고 훗날 페러데이가 전자기 유도 현상을 발견하는 데에도 결정적인 영향을 미쳤습니다.

탐구하기

문 양(+)의 전하 1개와 음(−)의 전하 2개를 가지고서 정삼각형을 만들려고 합니다. 이 3개의 전하가 가지고 있

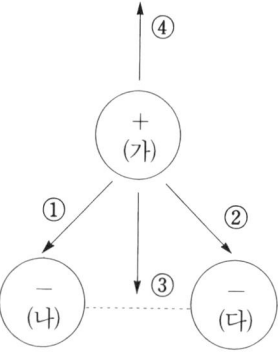

는 전하량은 모두 1쿨롱으로 똑같습니다. 쿨롱은 전하량의 단위입니다.

(가)의 위치에 양(+), (나)와 (다)의 위치에 음(−)의 전하를 배치시켰을 때 양(+)의 전하가 받는 힘의 방향은 어느 쪽일까요?

ㄱ) 양(+)의 전하는 ① 방향으로 힘을 받는다.

ㄴ) 양(+)의 전하는 ② 방향으로 힘을 받는다.

ㄷ) 양(+)의 전하는 ③ 방향으로 힘을 받는다.

ㄹ) 양(+)의 전하는 ④ 방향으로 힘을 받는다.

ㅁ) 양(+)의 전하는 힘을 받지 않는다.

답 양(+)의 전하와 양(+)의 전하, 음(−)의 전하와 음(−)의 전하는 서로 밀치는 힘이 작용하며, 양(+)의 전하와 음(−)의 전하는 서로 잡아당기는 힘이 작용합니다.

따라서 양(+)의 전하가 (나)와 (다)의 위치에 있는 음(−)의 전하와 서로 끌어당기는 힘을 작용시키게 되겠죠. 즉, 양(+)의 전하는 (나)의 위치에 있는 음(−)의 전하로부터는 ①의 방향으로 끌리는 힘, (다)의 위치에 있는 음(−)의 전하로부터는 ②의 방향으로 끌리는 힘을 받습니다.

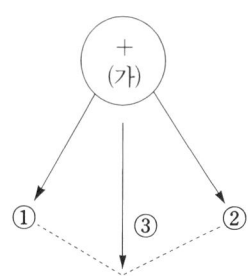

그런데 이들 세 전하의 세기가 모두 똑같기 때문에 그 끌리는 힘의 세기 또한 똑같습니다.

그러니 양(+)의 전하는 ①,②의 방향을 합한 ③의 방향으로 끌리는 힘을 받습니다. 따라서 정답은 ㄷ)입니다.

문 또한 (나)의 위치에 있는 음(−)의 전하는 어느 쪽 방향으로 힘을 받게 될까요?

ㄱ) ⑤ 방향으로 힘을 받는다.

ㄴ) ⑥ 방향으로 힘을 받는다.

ㄷ) ⑦방향으로 힘을 받는다.
ㄹ) ⑧방향으로 힘을 받는다.
ㅁ) ⑨방향으로 힘을 받는다.

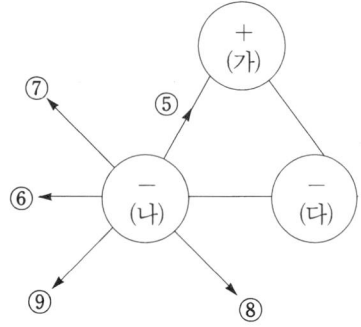

답 (나)의 위치에 있는 음(−)의 전하는 (가)의 위치에 있는 양(+)의 전하로부터는 끌리는 힘을 받고, (다)의 위치에 있는 음(−)의 전하로부터는 밀치는 힘을 받습니다. 즉 (나)의 음의 전하는 (가)의 전하로부터는 (5)의 방향의 힘을 받고, (나)의 전하로부터는 (6)의 방향의 힘을 받습니다.

그리고 세 개의 전하량의 크기가 똑같으므로 밀치고 잡아당기는 힘의 세기 또한 똑같습니다.

그러니 (나)의 전하가 전체적으로 받게 되는 힘의 방향이 (5)의 방향과 (6)의 방향을 합친 (7)의 방향이 되리란 사실을 알 수 있겠죠. 따라서 정답은 ㄷ)입니다.

● **좀더 알아봅시다**

대전된 두 전하 사이에 작용하는 전기력은 쿨롱의 법칙에 의해서 알 수 있습니다. 쿨롱의 법칙을 표현하는 식은 뉴턴이 발견한 만유인력의 식과 그 형태가 비슷합니다.

전하 Q_1, Q_2를 띤 두 개의 대전체가 진공 중에서 거리 R만큼 떨어져 있을 경우 이 두 개의 대전체에 작용하는 전기력 F는 다음과 같습니다(단, K는 비례 상수입니다).

$$F = K \frac{Q_1 Q_2}{R^2}$$

만유인력의 법칙, 즉 $F = G \dfrac{M_1 M_2}{R^2}$ 와 매우 흡사함을 알 수 있겠죠.

쿨롱의 법칙을 나타내는 식은 무엇을 의미하나요?

두 전하 사이에 작용하는 전기력은 두 전하를 잇는 일직선 상에서 작용하고, 이때 전기력의 세기는 두 전하의 전하량의 곱에 비례하고 두 전하 사이의 떨어진 거리의 제곱에 반비례 합니다.

견습공에서 과학자로

― 유도 전류 ―

 이야기

우리는 종종 신문이나 방송매체를 통해서 '입지전적인 인물'이라는 말을 듣곤 합니다. 일상적인 생각으로는 도저히 가능하지 않을 것 같지만 한번 세운 뜻을 굽히지 않고 노력하여 그 목적을 이룬 사람을 입지전적인 인물이라고 합니다.

모든 분야에 입지전적인 인물은 다 있게 마련입니다. 물론 물리학 분야에도 입지전적인 인물은 여럿 있습니다.

바로 페러데이가 그중의 한 사람입니다.

가난한 대장장이의 아들로 태어나 국민학교 교육조차도 제대로 받을 수 없었던 페러데이는 어렸을 때부터 제본소에서 견습공으로 일했습니다. 그러면서 그는 틈틈이 책을 읽었습니다.

그러던 어느 날이었습니다. 페러데이는 제본소 안에서 책을 읽으면서 무엇인가 공책에 적고 있었습니다. 이 광경을 본 제본소 주인이 말했습니다.

"페러데이야, 너 거기서 뭐 하고 있니?"

페러데이는 깜짝 놀라며 더듬더듬 말했습니다.

"책을 좀 읽고 있었습니다."

페러데이는 말을 하면서도 속으로는 혹시 꾸중이나 듣지 않을까 걱정했습니다. 그러나 제본소 주인의 대답은 뜻밖이었습니다.

"페러데이야, 공부한다는 것은 정말로 좋은 일이란다. 내가 도와 줄 수 있는 일이 있다면 도와 줄테니 한번 열심히 공부해 보거라."

이때부터 페러데이의 인생은 변하기 시작했습니다. 제본소 주인의 따뜻한 격려 속에서 페러데이는 밤낮으로 책을 읽으면서 과학에 탐닉하기 시작했습니다.

페러데이는 백과사전에 실린 전기에 관한 모든 사항들을 빠뜨리지 않고 꼼꼼하게 공책에 베꼈습니다. 이것은 학교 교육을 받지 못한 페러데이에게는 교과서가 되었습니다.

이것을 여러 번 숙지한 페러데이는 저축한 돈으로 사들인 실험 기기들을 가지고 전기에 관한 실험을 해 보기도 했습니다.

그러던 어느 날 페러데이가 과학자로서의 길을 걸어가는 데 큰 전환점을 마련해 주는 사건이 일어났습니다.

페러데이는 유명한 과학자인 데이비 교수의 공개 강의가 있다는 소식을 전해 들었습니다. 그래서 그는 제본소 주인에게 부탁했습니다.

"저 ……데이비 교수의 공개 강의를 듣고 싶은데 허락해 주세요."

"그래, 좋다. 그 동안 열심히 공부했으니 허락하마. 그리고 내가 그곳에 들어갈 수 있는 표도 한 장 구해 주마."

데이비 교수의 강의를 듣고 나서 페러데이는 과학자가 되겠다고 결심했습니다.

페러데이는 간곡한 내용의 편지와 함께 자신이 소중하게 여기고 있던 공책을 데이비 교수에게 보냈습니다. 오래지 않아 페러데이는 데이비 교수로부터 답장을 받았습니다.

"페러데이 군, 나는 자네의 공책을 보고 자네의 과학에 대한 열의가 대단하다는 사실을 알았네. 보수는 그리 많지 않으나 자네를 위해 연구실 조수 자리를 마련해 놓았으니 자네가 좋다면 한번 와서 일해 보지 않겠나?"

이렇게 해서 페러데이는 데이비 교수의 조수가 될 수 있었으며, 과학자로서의 역량을 십분 발휘할 수 있는 기틀을 마련할 수 있게 되었습니다.

이 당시 많은 학자들의 주요 연구 대상은 전기와 자기에 관한 것이었습니다. 에르스텟의 발견으로 인해 이들이 큰 관심

112

을 갖게 된 주제는 다음과 같은 것이었습니다.

"에르스텟의 말대로 전기의 작용으로 자석을 만들 수 있다. 그렇다면 이것의 반대 현상도 가능하지 않을까? 즉 자석을 이용하여 전기를 만들어 낼 수도 있지 않을까?"

페러데이와 데이비는 이 의문에 대한 연구를 했습니다. 그렇지만 이들은 이 연구로부터 진전된 결과를 얻어내지는 못했습니다. 이것을 페러데이는 무척 안타깝게 생각했습니다. 그는 언젠가는 이것의 비밀을 밝혀 보겠노라고 결심했습니다.

세월은 흘러 페러데이는 영국 왕립협회가 인정하는 과학자가 되면서 독자적으로도 연구할 수 있는 지위를 확보하게 되었습니다.

페러데이는 자신이 옛날 데이비 교수와 함께 연구하다가 중단해 버린 실험을 다시 하기 시작했습니다. 이로부터 페러데이는 대단히 중요한 연구 성과를 얻어냈으며 성공하고 이것을 '유도 전류 현상'이라는 이름으로 세상에 발표하였습니다.

 사고하기

두 개의 평행한 직선 전선에 전류가 흐를 때, 첫번째 전선에 흐르는 전류가 만든 자기장에 의해서 두번째 전선을 따라 흐르는 전류가 힘을 받습니다.

이 사실로부터 전기장과 자기장은 매우 밀접한 관계가 있음을 쉽게 짐작할 수 있습니다. 그렇다면 그 밀접한 관계란 무엇일까요?

자, 여기에 구리선을 감은 원통형의 쇠막대를 검류계전류와 전압의 세기를 측정하는 기기에 연결시킨 다음 원통 속으로 자석을 넣었다 빼었다 하면 검류계의 바늘이 움직이게 됩니다. 이것은 원통형의 쇠막대에 감은 구리선에 전류가 흘렀다는 사실을 뜻합니다.

이 현상을 처음 발견한 사람이 페러데이이며 이것을 전자기 유도 현상이라고 합니다.

전자기 유도 현상은 구리선이 감긴 원통형의 쇠막대에 자석을 움직이게 할 경우에만 발생하는 것이 아니라, 자석을 고정시키고 구리선이 감긴 둥근 원통형의 쇠막대를 움직이게 할 경우에도 발생합니다. 즉 양쪽 모든 경우에 전류가 발생하게 됩니다.

그렇다면 전자기 유도 현상 때 전지에 해당되는 것은 무엇일까요? 즉 전류가 흐르기 위해서는 에너지를 공급해 줄 수 있는 전지가 필요한 것처럼 전자기 유도 현상 때에도 전류가

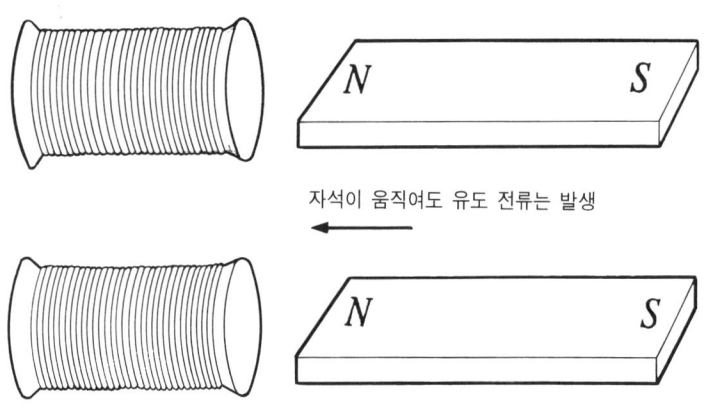

전자기 유도 현상

흐르므로 전지에 해당하는 그 어떤 에너지원이 있어야만 할 것입니다.

이 에너지원을 유도 기전력이라고 합니다. 이때의 에너지원을 유도 기전력이라고 하는 이유는 구리선을 감은 원통이나 자석의 운동으로 인해서 구리선에 유도되기 때문입니다.

그리고 이렇게 해서 만들어진 전류를 유도 전류라고 합니다.

유도된 전류는 움직입니다.

그렇다면 다음과 같은 의문을 가질 수 있을 것입니다.

'유도된 전류는 일정한 규칙 없이 아무런 방향으로 움직일까?'

유도된 전류가 흐르는 방향에는 일정한 규칙이 있습니다. 이것을 렌쯔의 법칙이라고 합니다.

전자기 유도 현상에서 둥그렇게 감은 구리선에 자석을 가까이할 경우와 멀리할 경우에 검류계의 바늘은 서로 반대 방향으로 움직이게 됩니다. 이 사실로부터 우리는 유도된 전류의 방향을 결정짓는 요소가 둥그렇게 감은 구리선과 자석의 상대적인 운동 때문이라는 사실을 알 수 있습니다.

이러한 유추 과정을 거쳐 렌쯔는 구리선에 흐르는 유도 전류의 방향을 다음과 같이 표현했습니다.

"둥그렇게 감긴 구리선을 지나는 자기력선의 수의 변화를 방해하려는 방향으로 유도 전류는 흐르게 된다."

이것이 바로 렌쯔의 법칙을 말해 주는 표현입니다.

간단한 예를 통해서 이해하는 데 도움이 되도록 할까요?

자석의 N극이 구리선이 둥그렇게 감긴 원통 쪽으로 가까이 다가가고 있습니다. 이때 구리선은 자석으로부터 방출되는 자

기력선의 수를 방해하려고 합니다. 즉 자기력선의 수를 밀어
내려고 합니다.

이렇게 하기 위해서는 구리선이 어떻게 해야만 할까요?

자석이 다가오는 쪽의 구리선이 N극처럼 행동하면 될 것입
니다. 그렇게 되면 자석을 밀쳐낼 수 있기 때문입니다.

그렇다면 구리선의 반대쪽은 S극처럼 행동하게 되겠죠.

이때 솔레노이드에서 고려해 본 방법처럼 오른손의 엄지
손가락을 구리선의 N극 쪽으로 향하게 하면 나머지 네 손가
락이 감긴 방향으로 유도 전류는 흐르게 됩니다.

이번에는 자석의 N극이 구리선으로부터 멀어져 가고 있다
면 유도 전류의 방향은 어떻게 될까요?

이때 구리선은 자석으로부터 방출되는 자기력선의 수를 방
해하기 위해서 자기력선의 수를 끌어들이려고 할 것입니다.

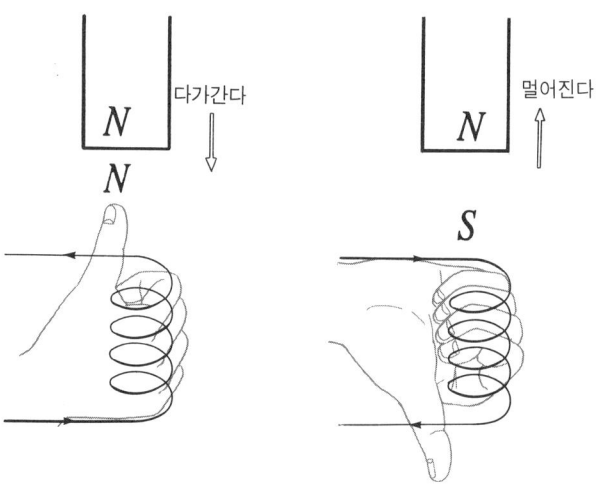

렌쯔의 법칙

그래서 자석이 멀어지는 쪽의 구리선은 S극처럼 행동하게 되고, 그 반대쪽은 N극처럼 행동하게 될 것입니다.

이때 오른손의 엄지 손가락을 구리선의 N극 쪽으로 향하게 하면 나머지 네 손가락이 감긴 방향으로 유도 전류는 흐르게 되지 않겠어요?

그렇다면 자석의 S극이 가까워지는 경우와 멀어지는 경우에 유도 전류의 방향은 어떻게 될까요?

자석의 S극이 구리선 쪽으로 가까이 다가가면 구리선은 자석으로부터 방출되는 자기력선의 수를 방해하기 위해서 자기력선의 수를 밀어내려고 합니다. 그래서 자석이 다가오는 쪽의 구리선은 S극처럼 행동하게 되고 구리선의 반대쪽은 N극처럼 행동하게 되겠죠.

이때 오른손의 엄지 손가락을 구리선의 N극 쪽으로 향하게 하면 나머지 네 손가락이 감긴 방향으로 유도 전류는 흐르게 되지 않겠어요?

그리고 자석의 S극이 구리선으로부터 멀어져 가고 있다면 구리선은 자석으로부터 방출되는 자기력선의 수를 방해하기 위해서 자기력선의 수를 끌어들이려고 할 것입니다. 그래서 자석이 멀어지는 쪽의 구리선은 N극처럼 행동하게 되고 그 반대쪽은 S극처럼 행동하게 될 것입니다.

이때 오른손의 엄지 손가락을 구리선의 N극 쪽으로 향하게 하면 나머지 네 손가락이 감긴 방향으로 유도 전류는 흐르게 됩니다.

탐구하기

문 자석과 전기는 아주 밀접한 사이입니다.
그러면 다음 중에서 전자기 유도 현상이 일어나지 않는
것은 어느 것일까요?

ㄱ) 정지해 있는 자석 근처에서 직선 회로를 움직여 본다.
ㄴ) 설치해 놓은 회로 주위에 다른 회로를 설치한 다음 전
류의 흐름을 변화시킨다.
ㄷ) 정지시켜 놓은 원형의 회로 주위에서 막대 자석을 움직
인다.
ㄹ) 직사각형 모양의 코일을 만든 다음 이 속으로 원형 자
석을 넣었다 뺐다 해 본다.
ㅁ) 정지시켜 놓은 정삼각형의 코일 주위에 직선 회로를 설
치한 다음 여기에 정상 전류가 흐르게 한다.

답 유도 전류가 발생하려면 최소한 전기나 자기 둘 중의 하
나가 시간에 따라서 변하는 운동을 해야만 합니다.

그러나 정지시켜 놓은 정삼각형의 코일 주위에 직선 회로를
설치한 다음 여기에 정상 전류가 흐르게 하는 경우에는 시간
에 따라서 코일도 변하지 않고, 그 주위의 직선 회로도 변하
지 않고, 회로 속을 흐르는 전류도 변하지 않습니다.

그러니 이 경우에는 유도 전류가 발생하지 않으리라는 사실
을 알 수 있겠죠! 따라서 정답은 ㅁ)입니다.

문 유도 전류의 방향을 알아보는 실험을 하기 위해서 다음
과 같은 모양의 원형 도선을 만들었습니다. 그런 다음

막대 자석의 N극을 이 원형 도선의 중심에 향하게 하면서 막대 자석을 밀어 넣었습니다.

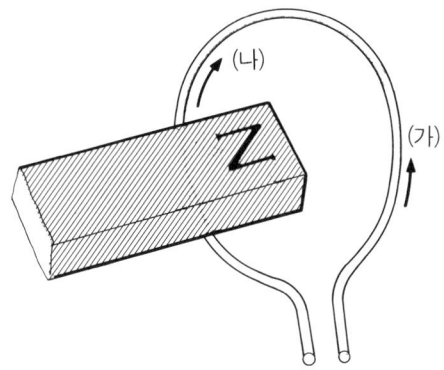

그러면 이때 이 원형 도선 쪽에는 어떤 자석의 극이 나타나며 이 주위에 생기는 유도 전류의 방향은 어느 쪽일까요?

ㄱ) 원형 도선 쪽에는 S극이 나타나고, 유도 전류의 방향은 (가)이다.

ㄴ) 원형 도선 쪽에는 S극이 나타나고, 유도 전류의 방향은 (나)이다.

ㄷ) 원형 도선 쪽에는 N극이 나타나고, 유도 전류의 방향은 (가)이다.

ㄹ) 원형 도선 쪽에는 N극이 나타나고, 유도 전류의 방향은 (나)이다.

ㅁ) 원형 도선 쪽에는 S극이 나타나고, 유도 전류는 막대 자석이 움직이는 방향과 같은 방향이다.

답 막대 자석이 다가오면 렌쯔의 법칙에 따라서 막대 자석의 다가옴을 방해하려고 하지 않겠어요?

그러므로 원형 도선에는 막대 자석의 N극을 밀어 내기 위해서 같은 극인 N극이 나타나게 될 것입니다. 그렇다면 엄지 손가락을 N극 쪽으로 향하게 한 뒤 나머지 네 손가락을 감아 쥐면 손가락이 감긴 방향으로 유도 전류는 흐르게 될 것입니다. 그러므로 원형 도선에 흐르는 유도 전류의 방향은 (가)의 방향이 될 것입니다. 따라서 정답은 ㄷ)입니다.

● 좀더 알아봅시다

한 개의 코일이라도 그 속을 흐르는 전류의 세기가 변하면 그 코일에 의해서 만들어지는 자기력선속(자속) 또한 변하게 됩니다. 이렇게 되면 이 자속의 변화를 방해하려는 자속이 생기게 하는 쪽으로 유도 기전력이 발생합니다.

이처럼 코일에 흐르는 전류의 변화에 대응해서 코일 자체에 유도 전류가 흐르고 유도 기전력이 발생하는 현상을 자체 유도 현상이라고 합니다.

그리고 이것과는 다르게 두 개의 코일을 서로 이웃하게 놓은 다음 한쪽의 코일에 흐르는 전류의 세기를 변화시켜 주면 그 옆에 놓여 있는 코일에 자속의 변화가 생기게 되어 옆 코일에 유도 기전력이 발생하게 됩니다. 이러한 현상을 상호 유도 현상이라고 합니다.

지구와 자기

콜럼버스의 항해중에
― 지구 자기 ―

 이야기

철을 끌어당기는 어떤 물체가 존재한다는 사실은 서양이나 동양 모두 오랜 옛날부터 이미 알고 있었습니다. 그렇지만 자석이 지구의 북쪽과 남쪽을 가리킨다는 사실은 서양보다 동양(중국)에서 먼저 알고 있었습니다.

중국에서는 11세기경 송나라 시대에 '지남어'라고 하는 자석을 항해에 이용하고 있었습니다. 이 지남어는 그 당시 중국을 왕래하고 있던 이슬람 제국 사람들에 의해서 유럽에 전해졌습니다.

이것은 유럽에서 여러 번 개량되다가 1302년 이탈리아 사람에 의해서 오늘날과 같은 나침반이 만들어지게 되었습니다.

나침반이 실용화되기 전에는 바다 저 멀리까지 항해한다는 것은 도저히 상상할 수 없는 일이었습니다. 나침반의 사용이 보편화되자 근해 지역에 한정되어 있던 항해에서 벗어나 저먼 바다까지 항해할 수 있게 되었습니다.

그 당시 항해하는 사람들에게 있어서 나침반은 빼놓을 수 없는 필수불가결한 기기였을 것입니다(물론 오늘날도 그렇지만).

나침반이 인류 역사에 공헌한 바는 이루 말할 수 없을 정도입니다. 그렇지만 그중에서도 가장 중요한 것은 콜럼버스가 신대륙을 발견하는 데 기여한 공로일 것입니다.

1492년의 어느 날 콜럼버스는 신대륙을 발견하기 위한 부푼 꿈을 안고 배에 올랐습니다. 이제 콜럼버스와 그의 선원들을 태운 배는 미지의 신세계를 탐험하기 위한 첫발을 내디딘 것이었습니다.

콜럼버스는 자신의 항해 일지에 다음과 같이 적어 놓았습니다.

"항해가 시작된 지 3일이 지나자 육지는 우리의 시야에서 완전히 사라졌다. 육지가 시야에서 사라지자 선원들의 대부분은 풀이 죽었다. 내 생각으로 아마 이들의 심정은 이 세상과 고별하는 그런 기분이었을 것 같다. 이들의 마음 한구석에는 가족을 향한 그리움과 또 한구석에는 죽지 않고 살아서 조국으로 돌아가겠다는 강한 의지가 자리잡고 있었다.

그렇지만 이들 앞에 나타나는 것은 오직 혼돈과 두려움뿐이었다. 이런 절망적 분위기는 날이 갈수록 심해지기 시작했다. 그러자 선원들 사이에서는 이제 다시는 조국으로 돌아갈 수도 없고 그래서 사랑하는 아내와 자식들을 보지 못하게 되리라는 불안감이 서서히 밀려 들어오기 시작했다.

나와 함께 동행한 선원들 모두는 그 어떠한 어려움에도 쉽게 굴복하지 않는 매우 용감한 바다 사람들이었지만, 그들의 이러한 절망의 분위기는 어쩔 수가 없었다. 많은 선원들이 남몰래 울었다."

콜럼버스 자신도 두려운 것은 마찬가지였습니다. 그러나 그는 선원들에게 용기를 심어 주기 위해서 온갖 노력을 다 기울였습니다.

"선원 여러분, 신대륙에 도착하면 수많은 금은보화가 우리를 기다리고 있을 것이오."

콜럼버스는 금은보화에 대한 탐욕을 불러일으키면서까지 선원들의 사기를 북돋우었습니다. 다행스럽게도 이것은 선원들에게 어느 정도 효과가 있었습니다.

그런데 어느 날 전혀 예상치 못했던 사건이 일어났습니다. 나침반의 바늘이 예상했던 방향을 가리키지 않는 것이었습니다. 콜럼버스는 놀랐습니다. 그러나 그는 다음날이면 나침반의 바늘이 정상적인 방향을 가리킬 것이라고 생각했습니다.

그렇지만 그 다음날에도 나침반의 바늘은 정상을 되찾지 못했습니다. 아니 정상을 되찾지 못한 게 아니라 전혀 다른 방향만을 가리킨 채 나침반은 더욱 기울어져만 갔습니다. 이런 현상은 그후 며칠 동안 계속되었습니다.

콜럼버스 자신도 어떻게 해야 할지 갈피를 못 잡자 당황하지 않을 수 없었습니다.

그렇다고 이 사실을 선원들에게 알려서 함께 해결책을 찾아볼 수도 없었습니다. 만약 이 사실을 선원들이 안다면 의기소침해지리라는 것을 콜럼버스 자신이 그 누구보다도 잘 알고 있었기 때문입니다.

그러나 이 세상에 비밀은 없는 것 아니겠습니까? 선실의 조타수가 이 사실을 알게 되었습니다. 이 사실은 순식간에 모든 선원들의 귀에 들어가게 되었습니다.

선원들은 의기소침해 하는 정도가 아니었습니다. 배 안은 완전히 죽음에 대한 공포감으로 가득했습니다. 아무것도 없는 망망대해에서 나침반의 역할이 얼마나 중요한지 그 누구보다도 이들이 더 잘 알고 있었기 때문입니다.

 사고하기

앞의 이야기에서 중요한 것은 나침반이 예상했던 방향을 가리키지 않았다는 것입니다. 그렇다면 어떻게 해서 이러한 일이 발생하게 된 것일까요?

나침반이 고장나 버렸기 때문일까요? 아니면 나침반의 고장과는 전혀 상관없는 다른 이유가 있었기 때문일까요?

아마 나침반이 고장나지 않았으리라는 사실은 어렵지 않게 예상할 수 있을 것입니다. 그렇다면 알려지지 않은 그 어떤 원인에 의한 것일진데, 도대체 그것이 무엇일까요?

자, 그러면 이 비밀을 캐기 위한 여행을 떠나 보도록 하죠!

지구는 하나의 자석과 같다는 말을 들어 본 적이 있을 겁니다.

그렇습니다. 지구는 하나의 거대한 자석이라고 할 수 있습니다. 이것은 나침반의 바늘이 대략 남쪽과 북쪽을 가리킨다는 사실로 쉽게 예측할 수 있습니다. 이때 북쪽을 가리키는 자석의 극을 N극, 남쪽을 가리키는 자석의 극을 S극이라고 합니다.

그렇다면 지구가 하나의 큰 자석과 같다는 말은 지구의 북극 부근에 지구 자기의 S극이, 남극 부근에는 지구 자기의 N극이 존재하고 있음을 뜻하는 것이라고 생각할 수 있겠죠! 왜냐하면 자석의 다른 극끼리는 서로 잡아당기는 힘이 작용하기 때문입니다.

이처럼 지구 전체가 하나의 자석처럼 가지고 있는 자기적 성질을 지구 자기 또는 지자기라고 합니다.

지구가 하나의 커다란 자석과 같다는 것은 지구 내부 전체

지구 자기의 N극

지구 자기의 S극

지구 자기

가 완전히 자석 물질로 똘똘 뭉쳐져 있다는 의미가 아니라, 지구가 내뿜는 자기장의 분포가 자석이 내뿜는 자기장의 분포와 매우 비슷하다는 의미입니다.

사실 지구의 여러 장소에서 지구 자기장을 측정한 결과 지구 자기장의 모습은 지구의 중심에 하나의 막대 자석을 놓았을 경우 이 막대 자석이 방출하는 자기장의 모습과 거의 같다는 사실이 밝혀졌습니다.

그런데 지구 자기의 극은 정확하게 북극과 남극에 일치하지 않고 약간 치우쳐 있습니다. 즉 나침반이 가리키는 방향은 정확하게 남쪽과 북쪽이 아니라, 그로부터 동쪽과 서쪽으로 약간씩 치우쳐 있습니다.

바로 이 사실을 모르고 있었기 때문에 콜럼버스와 선원들은 잠시 동안이나마 공포감에 휩싸였던 것입니다.

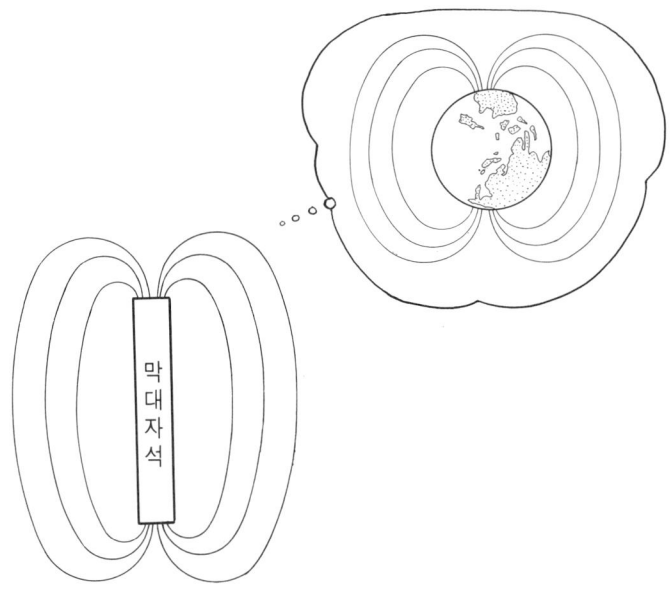

지구는 하나의 커다란 자석

　그렇다면 어떻게 해서 지구에는 지구 자기가 존재하는 것일까요?

　지구 자기가 존재하게 된 원인을 설명하는 이론은 여러 가지가 있습니다. 그러나 그중에서도 현재까지 가장 타당하다고 여겨지는 이론은 다이나모 이론입니다.

　지구 내부의 액체 상태의 핵 속에는 전기 전도도가 굉장히 큰 물질인 니켈과 철이 다량 존재하고 있습니다. 그런데 액체 상태인 핵은 지구 내부에서 여러 가지 요인으로 인해 운동을 하게 됩니다. 좀더 구체적으로 말하면 지구 내부의 핵의 운동은 지구의 자전이나, 핵 자체의 온도차 때문이기도 합니다. 이런 요인들에 의해서 핵이 운동을 하게 되면 그에 따라서 유도 전류가 생기게 되고 이 유도 전류에 의해서 자기장이 발생하게 되는데 이때 외부로 방출되는 자기장이 바로 지구 자기입니다.

간략하게 언급했지만 이것이 다이나모 이론이 말해 주는 지구 자기의 발생 이유입니다.

그러면 이제부터는 지구 자기장의 변화에 대해서 알아보도록 합시다.

지구 자기장은 항상 일정하지 않습니다. 즉 똑같은 장소에서도 그 강도나 방향이 시간에 따라서 약간씩 변합니다. 이 변화는 24시간을 주기로 한 변화입니다. 이런 변화를 1일 변화라고 합니다.

그리고 1일 변화와 함께 지구 자기장의 변화에는 영년 변화라고 하는 또 하나의 변화가 있습니다. 이것은 그 이름에서도 알 수 있듯이 아주 오랜 세월에 걸쳐서 지구 자기장의 강도와 방향이 서서히 바뀌는 변화입니다.

지구 자기장은 지구 대기권 밖에 반 알렌대라고 하는 나선형 모양의 방사선대를 만들기도 합니다.

아직까지 이 방사선대의 역할에 대해서는 확실하게 규명하지 못하고 있습니다. 그렇지만 태양이 지구에 미치는 영향에 이것이 크게 작용한다는 사실은 확실한 것으로 알려져 있습니다.

지금까지 간략하게나마 지구 자기장의 여러 변화와 역할을 고찰해 보았지만 그중에서 가장 큰 아니 혁명적인 것이라고 할 수 있는 것은 고지 자기라고 하는 것입니다.

이것에 대한 좀더 자세한 내용은 다음 이야기에서 알아보겠지만 이것의 발견으로 인해서 대륙이 이동했다는 매우 놀랄 만한 사실을 밝혀 낼 수 있었습니다.

 탐구하기

문 바다에는 육지처럼 길이 있는 것도 아니고, 신호등이나 이정표도 없습니다. 그러나 배는 그런 바다 위를 항해하면서 자신이 가야 할 길을 똑바로 찾아갑니다.

그러면 배가 이처럼 망망한 바다의 길을 헤치고 자신의 길을 찾아갈 수 있는 이유 중 가장 타당한 것은 어느 것일까요?

ㄱ) 배는 바람의 방향을 고려해 길을 찾아간다.

ㄴ) 배는 밤하늘에 뜨는 별자리를 이용해 길을 찾아간다.

ㄷ) 배는 지구의 자전 방향을 고려해 길을 찾아간다.

ㄹ) 배는 지구의 공전 방향을 고려해 길을 찾아간다.

ㅁ) 배는 지구가 하나의 자석과 같다는 성질을 이용해 길을 찾아간다.

답 배가 항해하기 위해서는 여기에서 제시한 사항들을 전부 다 유효적절하게 고려해야 할 것입니다. 그렇지만 그중에서도 가장 중요한 것은 지구는 하나의 자석과 같다는 성질입니다. 이 성질을 적용시켜 항해 도구로 널리 사용하고 있는 것이 바로 나침반이기 때문입니다.

사실 바람의 방향, 별의 위치, 지구의 자전 방향, 지구의 공전 방향 등 모두가 중요한 것이기는 하지만 바다 한가운데 홀로 떠 있는 배에게 그 무엇보다도 중요한 것은 나침반이 아닐까요? 따라서 정답은 ㅁ)입니다.

문 지구는 하나의 자석과 같기 때문에 지구 주위에는 자기장이 형성됩니다. 그렇다면 지구의 북극이나 남극 부근에 자석의 N극이나 S극에 해당하는 자성이 있는 것처럼 반응해야 할 것입니다.

그러면 지구가 탄생한 이후부터 지금까지 지구의 양극 부근에 형성된 자기극은 어떻게 변해 왔을까요?

ㄱ) 북극 근방에 S극, 남극 근방에 N극의 형태가 단 한번도 바뀌지 않았다.

ㄴ) 북극 근방에 N극, 남극 근방에 S극의 형태가 단 한번도 바뀌지 않았다.

ㄷ) 북극 근방에 S극, 남극 근방에 S극의 형태가 단 한번도 바뀌지 않았다.

ㄹ) 북극 근방에 N극, 남극 근방에 N극의 형태가 단 한번도 바뀌지 않았다.

ㅁ) 북극과 남극 근방의 자기극 형태는 여러 번 바뀌었다.

답 지구의 양극 부근에는 자석의 N극과 S극에 해당하는 극이 존재합니다. 그렇지만 그 극의 위치는 항상 고정되어 있지 않았습니다. 다시 말하면 지구가 탄생된 이후 지구 자기의 극은 여러 번 뒤바뀌었던 것입니다. 이것을 지구 자기 역전 현상이라고 합니다. 이 지구 자기 역전 현상을 이용해서 암석의 연대를 측정한다거나 대륙이 이동했다는 것을 증명해 낼 수 있었습니다. 따라서 정답은 ㅁ)입니다.

● **좀더 알아봅시다**

지구 자기에는 지구 자기의 3요소라고 하는 편각, 복각, 수평 자기력이 있습니다.

　자침의 N극이 가리키는 방향을 자북, 지리상의 북쪽 방향을 진북이라고 하는데 이 두 방향이 서로 이루는 각을 편각이라고 합니다. 자북이 진북에 대해서 동쪽으로 이동했을 경우에는 양(+), 서쪽으로 이동했을 경우에는 음(−)으로 나타냅니다.

　자석의 중심을 실에 매단 다음 자유롭게 움직이게 하면 자침이 자석의 수평 방향에 대해서 기울어진 각이 만들어집니다. 이 각을 복각이라고 합니다.

　지구 자기에 의해서 생기는 자기장은 수평 방향과 수직 방향으로 분해할 수 있습니다. 이때 수평 방향의 지구 자기력을 수평 자기력이라고 하고, 수직 방향의 지구 자기력을 연직 자기력이라고 합니다.

대륙이 움직였대요
— 대륙 이동설 —

 이야기

근대 철학의 아버지라고 불리는 프란시스 베이컨은 이미 17세기 초에 자신의 저서에서 대륙이 이동했으리라는 가능성에 대해서 밝힌 적이 있습니다. 즉 그는 아프리카와 남아메리카의 대서양 해안선이 S자 형태로 닮은꼴을 하고 있다는 사실에 주목해야 한다고 했습니다.

그렇지만 베이컨에 의해서 지적된 사실은 대륙이 이동했다는 사실을 뒷받침하기에는 부족한 점이 많았습니다.

베이컨 이외에도 여러 사람들에 의해서 대륙의 이동과 생성에 관한 이론들이 발표되었습니다. 이중에는 아틀란티스 대륙의 침몰에 의해서 대서양이 생성되었다는 공상과학적인 이야기도 포함되어 있었습니다.

20세기 초 테일러는 대서양 사이의 양측 대륙이 떨어져 나간 것이라는 사실을 뒷받침할 수 있는 여러 가지 증거가 제시된 논문을 발표했습니다.

그후 테일러의 영향을 받아 대륙 이동설을 하나의 체계적인 이론으로 만드는 데 결정적인 공헌을 한 사람이 베게너입니다.

베게너는 독일의 과학자였습니다. 그는 20세기 초 그린란드의 기상을 조사하기 위해 덴마크의 기상 관측 탐험대에 대원으로 참가하여 혹한의 땅 그린란드에서 약 2년 동안 연구했습니다. 이때 그곳에서 연구한 자료는 훗날 대륙 이동설을 제안하는 데 중요한 뒷받침이 되었습니다.

베게너가 대륙 이동설에 대한 가능성을 깨닫게 된 증거는 그가 약혼녀에게 보낸 편지에 잘 나타나 있습니다.

"내 옆 방에는 타게 박사가 살고 있소. 며칠 전 타게 박사

는 크리스마스 선물을 받았는데 그 선물이란 게 좀 독특했다 오. 아주 예쁜 소형 지도였소. 타게 박사와 나는 그 소형 지도에 매료되어 오랜 시간 동안 그것을 들여다보면서 이런저런 얘기를 나누었소.

그때 나의 머리속에는 한 가지 기발한 생각이 스쳐 지나갔소.

자, 당신도 이 편지를 읽으면서 세계 지도를 펼쳐 보시오. 남아메리카의 동해안과 아프리카의 서해안을 한번 잘 비교해 보시오. 두 대륙의 해안선이 꼭 일치하는 것 같지 않소? 마치 옛날에는 하나의 대륙이었던 것처럼 두 대륙의 해안선이 정확하게 맞물린다고 생각하지 않소?

나는 앞으로 이 사실을 규명하는 연구를 계속 진행시켜 나갈 생각이오."

 사고하기

베게너는 자신의 저서인 『대륙과 대양의 기원』에서 대륙 이동설을 뒷받침해 줄 수 있는 여러 가지 증거를 제시하면서 대륙 이동설을 자세히 설명했습니다.

이 책에서 그는 지질학적인 측면, 고생물학적인 측면, 고기후학적인 측면으로 나누어 대륙 이동의 증거를 제시했습니다.

베게너는 지질학적인 증거로 대서양 사이에 있는 두 대륙의 지질대가 매우 비슷하다고 하면서, 그 예로 남아프리카의 한 지역의 습곡대와 남아메리카의 산맥을 붙여 이을 경우 매우 자연스럽게 연결된다는 사실을 지적했습니다.

또한 고생물학적인 증거로는 두 대륙간의 동물군과 식물군

이 일치되거나 비슷한 점이 많다는 사실을 지적했습니다.

그러면서 베게너는 남아메리카와 남아프리카의 지역에서 발견된 소형 파충류 화석이 고생대 후기의 지층에서만 발견된다는 사실을 예로 들었습니다.

고기후학적인 증거로는 고대 지질시대 기후의 환경을 잘 나타내 주는 특수한 암석층이 같은 위도를 따라 연속성을 나타내고 있다는 사실을 지적했습니다.

예를 들면 석탄이 만들어지기 위해서는 고온다습한 기후 조건이 무엇보다 선결 조건이라는 사실로부터 석탄이 발견되는 지역의 과거 기후는 열대 내지 아열대 기후였을 것이라는 사실을 예상하고, 이런 특수 지층들이 두 대륙 사이에 연속성을 나타내고 있다는 사실을 지적했던 것입니다.

그러나 베게너가 이렇게 다양하고도 많은 관측 자료와 증거를 제시했음에도 불구하고 그의 대륙 이동설은 학자들로부터 외면당했습니다. 왜냐하면 사람들을 납득시킬 만큼 대륙 이동의 원동력을 설명하지 못했기 때문입니다.

그는 대륙이 이동할 수 있었던 원동력을 지구 자전 현상에 의한 원심력과 중력일 것이라고 생각했습니다. 그런데 이것으로 대륙 이동설을 설명하기에는 과학적인 논리에 어울리지 않는 많은 결과가 나타나게 되었던 것입니다.

그 뒤로도 여러 학자들에 의해서 좀더 진보적인 이론들이 제시되었지만 이것들 역시 절대적인 지지를 받지 못했습니다.

이리하여 대륙 이동설이 사라지는 것처럼 보였습니다.

그런데 이때 고지자기 이론이라는 새로운 학설이 발표되면서 대륙 이동설을 부활시키게 되었습니다.

화산에서 분출된 용암은 굉장한 고온의 상태에서 분출된 후

급격히 냉각되어 암석으로 굳어지게 됩니다. 이때 암석에 조금이나마 존재하고 있던 자석 물질이 그 당시의 지구 자기장의 방향으로 정렬하게 됩니다.

그러므로 암석 속에 들어 있는 자기적 성질을 띤 광물의 자기장 방향을 측정해 낼 수만 있다면 암석이 만들어질 당시의 지구 자기장의 방향을 정확히 알아낼 수 있을 것입니다.

이처럼 지질시대의 연대를 알 수 있는 암석을 자기 화석이라고 합니다. 그리고 자기 화석을 가지고 지질 시대를 연구하는 학문을 고지자기학이라고 합니다.

1950년대에 영국의 연구자들은 굉장히 흥미있는 사실을 밝

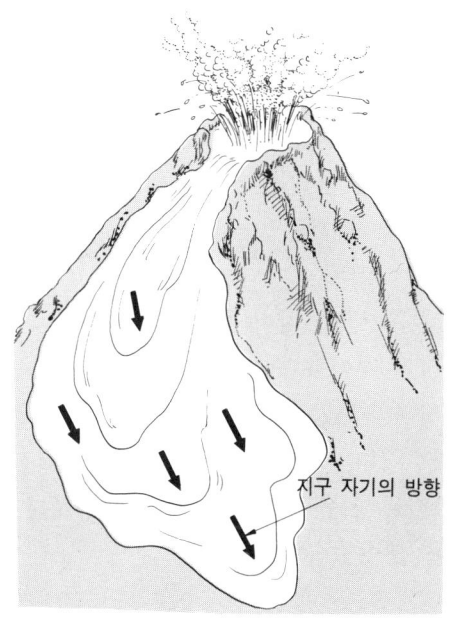

암석 속의 자화 광물은 자기장 방향으로 정렬한다

혀 냈습니다. 이들은 유럽의 여러 지질시대의 암석을 채취해서 과거의 자기장을 측정한 결과 북극의 위치가 시간에 따라서 일정한 규칙성을 갖고 변화했다는 사실을 알아냈습니다. 즉 선캄브리아기에는 지금의 하와이 부근에 북극이 위치해 있었고, 고생대 후기에는 시베리아 동부를 거쳐서 현재의 위치에 왔다는 사실을 밝혀 냈습니다.

뒤이어 연구자들은 자신들이 밝혀 낸 연구 결과가 세계의 모든 자화 암석에서 똑같은 결과를 얻어낼 수 있을지의 여부를 알아보기로 했습니다. 그래서 이들은 북아메리카 대륙의 암석을 채취해서 똑같은 실험을 했는데 뜻밖의 결과가 나왔습니다. 즉 두 대륙으로부터 채취한 암석에서 측정한 고지자기의 방향이 일치하지 않았던 것입니다. 사실 실험하기 전 이들은 북아메리카 대륙에서 채취한 암석에서 측정한 고지자기와 유럽에서 채취한 암석에서 측정한 고지자기가 당연히 일치해야만 한다고 생각했습니다.

그런데 실험 결과가 예상을 완전히 빗나가자 이들은 많은 날을 고민하고 또 고민했습니다.

마침내 이들은 비밀을 찾아내는 데 성공했습니다. 비밀은 대륙이 이동했다는 것이었습니다.

동일한 지질시대의 모든 고지자기의 방향이 같아야 한다는 것은 당연한 것입니다. 그러니 두 대륙에서 채취한 암석의 고지자기 방향이 다른 이유는 오직 대륙이 이동했다는 근거에서만 찾을 수 있을 뿐이었습니다.

이렇게 해서 몇 십 년 동안 학자들로부터 외면받아 온 대륙이동설은 확실한 것으로 인정받게 되었습니다.

고지자기 이론의 업적은 여기에 머무르지 않았습니다. 고지

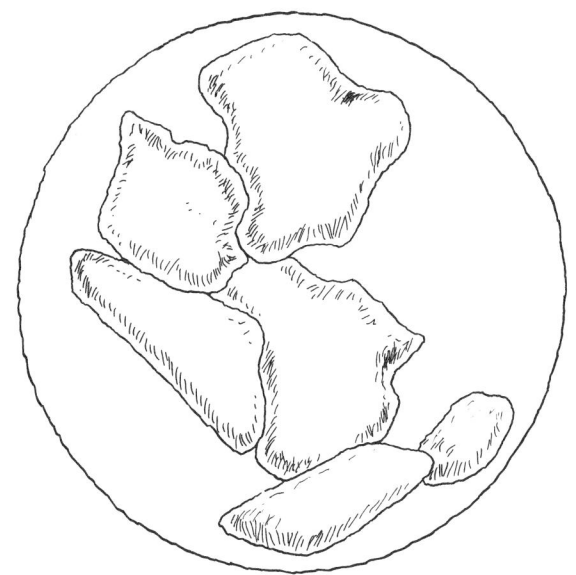

약 3억 년 전의 초대륙

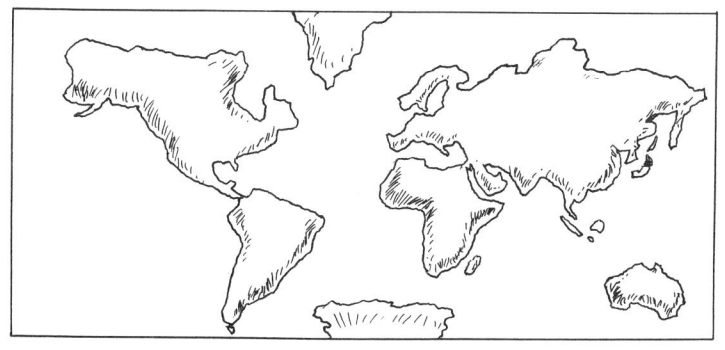

오늘날의 대륙 분포

자기 이론은 판구조론이라는 새로운 이론을 만들어 내는 데 결정적인 공헌을 했습니다.

베게너는 대륙 이동설을 발표하면서 고대 시대에 팡게아라고 하는 초거대 대륙이 있었다는 주장과 함께 이 거대 대륙이 분열하고 이동해서 지금과 같은 모양의 대륙이 만들어졌다고 했습니다.

이렇게 본다면 대륙 이동설은 지상의 이동설이라고 볼 수 있는 이론입니다. 이것에 반해서 판구조론은 지하의 이동설이라고 볼 수 있는 이론입니다.

쉽게 말해서 판구조론은 바다 속의 해저가 확장된다는 이론입니다. 판구조론에서 말하는 바다 밑 세상은 대략 다음과 같습니다.

"바다 밑에는 축구공의 겉이 여러 개의 가죽으로 이어진 것처럼 여러 개의 커다란 판이 연결되어 있는데, 이 판들이 서로 상대적인 운동을 할 때 그 판의 경계면에서 복잡한 지질 현상이 발생한다."

이처럼 바다 밑이 확장하고 있다는 사실이 바다 밑 물질의 지구 자기 연구 결과에 의해서 밝혀졌던 것입니다.

과거 수백만 년 동안 지구 자기장은 여러 번 변화했습니다. 그런데 이런 사실이 육지에 존재하는 암석뿐만 아니라 바다 밑에서 채취한 암석으로부터도 밝혀졌습니다.

바다 밑의 암석으로부터 밝혀진 지구 자기의 방향은 현재의 북극과 남극의 자기장 방향을 정방향이라고 할 경우, 정방향 — 역방향 — 정방향 — 역방향 — 정방향 — 역방향의 순이었습니다.

그리고 이 발견의 내용 중 더욱 값진 것은 이 배열이 매우 규칙적이라는 것입니다. 즉 이와 같은 지구 자기 배열이 바다 밑 어떤 한 곳을 축으로 해서 양쪽으로 띠 모양의 규칙적인 배열을 하고 있습니다.

　그렇다면 이것이 암시하는 내용은 무엇일까요?

　바다 밑이 이동, 아니 확장한다는 것 아닐까요? 즉 바다 밑이 어떤 한 곳을 축으로 해서 양쪽으로 확장된다는 것입니다.

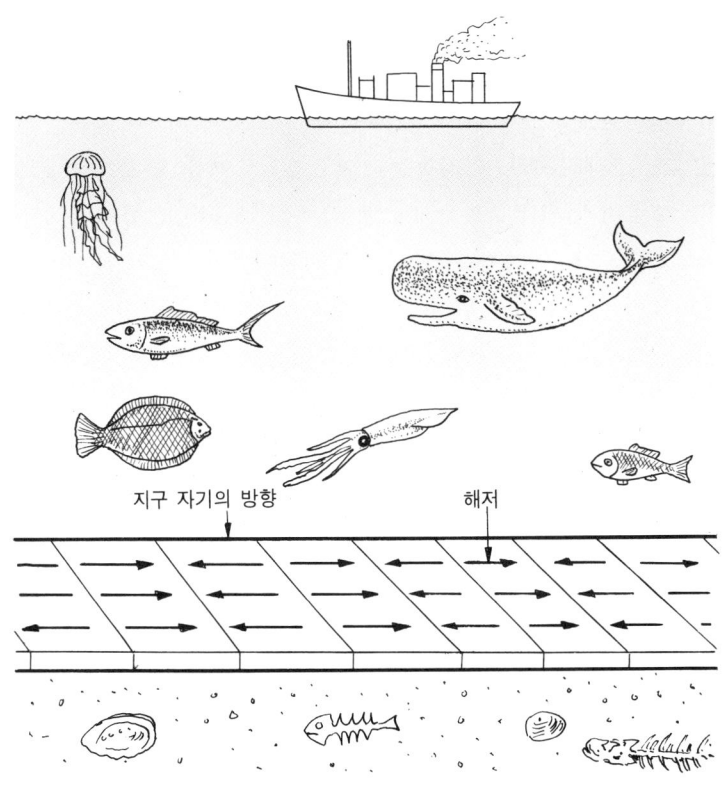

해저 암석의 지구 자기방향

만약 바다 밑이 새롭게 만들어지지 않는다면 바다 밑의 지구 자기 방향이 정방향 — 역방향 — 정방향 — 역방향 — 정방향……이라는 배열을 나타내지는 않았을 것입니다.

바다 밑이 확장된다고 해도 확장 속도가 눈에 띄일 만큼 크지는 않습니다. 해양저가 확장하는 속도는 1년에 약 수cm 정도 움직이는 율입니다.

그렇다면 여기에서 꼭 짚고 넘어가야 할 점이 있습니다.

바다 밑이 밖으로 나오는 곳, 즉 확장하는 곳이 있다면 그것이 속으로 들어가는 곳, 즉 수렴하는 곳 또한 있어야만 합니다. 왜냐하면 지구의 크기도, 바다의 크기도 일정하기 때문입니다.

이처럼 해양저가 확장하는 바다 밑 지역을 해령이라고 하고, 해양저가 수렴하는 바다 밑 지역을 해구라고 합니다.

판구조론이 20세기 후반의 지구 과학계에 몰고 온 파장은 코페르니쿠스에 의한 과학 혁명에 비교될 만한 것이었습니다. 사실 판구조론이 하나의 명확한 이론으로 체계화됨으로써 이후의 거의 모든 지구과학 책들이 개정되어야만 했습니다.

이러니 판구조론이 지구 과학계에 어느 정도의 바람을 몰고 왔을지 짐작이 가시겠죠!

 탐구하기

문 대류 이동설은 대류이 이동했다는 이론입니다. 그렇다면 5개 대류이 지금과 같은 상태를 이루기 전에는 뭉쳐져 있었을 것입니다. 그러면 20세기 초에 대류 이동설을 제안한 사람은 누구이며, 지금과 같은 5개 대륙이 뭉쳐져 있었던 대류을 이 사람은 무엇이라고 불렀을까요?

ㄱ) 베이컨, 곤드와나 대륙

ㄴ) 베이컨, 팡게아 대륙

ㄷ) 베게너, 곤드와나 대륙

ㄹ) 베게너, 팡게아 대륙

ㅁ) 허블, 앙가라 대륙

답 20세기 초 대륙 이동설을 주장한 사람은 베게너입니다. 베게너는 대륙 이동설을 주장하면서 지금처럼 5개로 나누어져 있는 대륙이 고생대 말까지 하나의 커다란 단일 대륙으로 뭉쳐져 있었다고 제안하면서, 이 대륙을 팡게아(Pangaea)라고 불렀습니다.

여기에서 팡(Pan)은 범(汎), 게아(gaea)는 대지 또는 육지라는 뜻입니다.

그러니 팡게아(Pangaea)는 범대륙 또는 범육지라는 뜻이 됩니다. 따라서 정답은 ㄹ)입니다.

문 베게너는 대륙이 이동했다는 증거로 지질학적인 증거, 고생물학적인 증거, 고기후학적인 증거 등을 제시하면서 그것의 타당성을 역설했습니다. 그러면 다음 중에서 대륙이 이동했다는 증거를 뒷받침하기에 가장 부족한 것 한 가지를 골라 보세요?

ㄱ) 남아프리카의 케이프 습곡대와 남아메리카의 아르헨티나 산맥이 양 대륙을 접합시켰을 때 잘 연속된다.

ㄴ) 브라질의 한 지층과 아프리카의 한 지층은 모두 중생대와 고생대의 지질로 구성되어 유사성을 보인다.

ㄷ) 서유럽의 고생대 초기와 후기의 조산대가 캐나다까지 연속된다.

ㄹ) 남아프리카와 브라질의 고생대 후기 지층에서만 소형 파충류 화석이 발견된다.

ㅁ) 원시 지구 대기를 에워싸고 있던 기체에 의해서 코아세르베이트가 탄생되었다.

답 ㄱ), ㄴ), ㄷ), 즉 남아프리카의 케이프 습곡대와 남아메리카 아르헨티나의 산맥이 양 대륙을 접합시켰을 때 잘 연속된다는 것, 브라질의 한 지층과 아프리카의 한 지층은 모두 중생대와 고생대의 지질로 구성되어 유사성을 보인다는 것, 서유럽의 고생대 초기와 후기의 조산대가 캐나다까지 연속된다는 것 등은 모두 베게너가 지질학적인 증거로 제시한 것들입니다.

그리고 ㄹ), 즉 남아프리카와 브라질의 고생대 후기 지층에서만 소형 파충류 화석이 발견된다는 것, 이것은 베게너가 동식물학적인 증거로 제시한 것입니다.

그러나 ㅁ), 즉 원시 지구 대기를 에워싸고 있던 기체에 의해서 코아세르베이트가 탄생되었다는 것은 대륙 이동설과는 전혀 동떨어진 것입니다. 코아세르베이트란, 원시 지구의 대기 성분에 의해서 아미노산이 합성되고 단백질이 만들어지면서 단세포 생물이 만들어지는 과정 중에 형성된 존재랍니다. 그러니 이것은 지구상에 생물의 탄생을 알려 주는 증거입니다. 따라서 대륙 이동설의 증거와 관련이 없는 것은 ㅁ)입니다.

● **좀더 알아봅시다**

지질 시대를 간략하게 구분해 보도록 하죠.

지질 시대는 부정합면이나 발견된 화석의 변화를 통해서 구분됩니다. 그리고 지질 시대를 구분해 나가는 단위는 큰 가지에서 작은 가지로 뻗어 감에 따라서 이언—대—기—세라는 접미사가 붙게 됩니다.

은생이언	선캄브리아대	시생대		
		원생대		
현생이언	고생대	캄브리아기		
		오르도비스기		
		실루리아기		
		데본기		
		석탄기		
		페름기		
	중생대	트라이아스기		
		쥐라기		
		백악기		
	신생대	제3기	팔레오세	
			에오세	
			올리고세	
			마이오세	
			플라이오세	
		제4기	플라이스토세	
			현세	

단지 막대기와 발만으로
— 지구의 크기와 모양 —

 이야기

에라토스테네스는 1년 중 낮이 가장 길다는 하짓날 깊은 고민에 빠져 있었습니다.

'시간이 정오에 가까워질수록 사원 기둥의 그림자 길이가 점점 더 짧아지는구나. 그러다가 정오가 되면 그림자는 아주 사라져 버리겠지!'

에라토스테네스는 정오가 되면 그림자가 생기지 않는다는 사실에 주목했습니다.

이것은 대부분의 보통 사람들이 무심코 그냥 쉽게 지나쳐 버릴 수 있는 매우 평범하고 일상적인 일입니다.

그러나 에라토스테네스는 이것을 그냥 지나쳐 버리지 않았던 것입니다. 이것이 그가 보통 사람들과 다른 요인이겠죠!

어쨌든 에라토스테네스는 그 당시로서는 상상하기조차 어려운 사실 한 가지를 알아냈습니다.

이것은 하짓날 정오 무렵 두 지방에 떠오르는 태양의 고도 사이에 차이가 있다는 것이었습니다. 즉 에라토스테네스는 하짓날 정오 무렵 이집트의 남쪽 시에네(지금의 아스완) 지방에서는 태양이 하늘에 수직으로 곧게 떠오르지만 시에네 지방보다 더 북쪽에 위치해 있는 알렉산드리아 지방에서는 태양이 수직으로 곧게 떠오르지 못하고 약간 기울어져서 떠오른다는 사실을 발견했습니다.

이것에 대해 에라토스테네스는 다음과 같은 의문을 갖게 되었습니다.

'같은 시각에 시에네 지방에 세워 놓은 막대기는 그림자를 드리우지 않는데 시에네 지방보다 훨씬 더 북쪽에 있는 알렉산드리아 지방에 세워 놓은 막대기는 왜 그림자를 드리우는 것일까? 이것은 도대체 어떠한 원인에 의해서 일어나는 현상

일까?'

오랜 고민 끝에 에라토스테네스가 얻어낸 결론은 지구가 둥글다는 것이었습니다. 즉 이 현상은 지구가 편평하지 않고 둥그렇기 때문에 일어난다고 생각했던 것입니다.

그는 만약 지구가 둥그렇지 않고 편평하다고 하면 두 지방에 세워 놓은 막대기 그림자의 길이는 똑같든지 아니면 그림자를 드리워서는 안 될 것이라고 생각했던 것입니다.

지구가 편평하지 않고 둥그렇다는 사실을 발견한 에라토스테네스는 지구의 둘레를 측정하기로 결정했습니다.

그는 한 사람을 고용해서 알렉산드리아에서 시에네까지의 거리를 걸어서 재어 보도록 했습니다. 재 본 결과 두 지방 사이의 거리는 약 900km였습니다.

또한 두 지방에 세워 놓은 막대기 그림자의 각도 차이를 계산한 결과 약 7°였습니다.

이것은 지구가 둥그렇다고 할 경우에 전체 각도인 360°의 약 50분의 1입니다. 이 결과를 가지고서 에라토스테네스는 지구의 둘레를 계산했습니다. 그 계산은 간단했습니다.

"시에네 지방과 알렉산드라아 지방 사이의 각도 차이가 지구 전체 각도의 약 50분의 1이므로 지구의 둘레는 이 두 지방 사이의 거리의 약 50배인 45,000km가 될 것이다."

이렇게 해서 에라토스테네스는 지구의 크기를 측정한 최초의 사람이 된 것입니다.

 사고하기

오늘날 지구가 둥글다는 사실은 변할 수 없는 명확한 진실

이 되었습니다. 아마 오늘을 살아가고 있는 사람들 중 지구가
편평하다고 믿고 있는 사람은 단 한사람도 없을 것입니다. 왜
냐하면 우주인이 달이나 우주 공간에서 찍은 지구의 사진이
그것을 명확하게 밝혀 주고 있기 때문입니다.

그러나 고대 사람들은 그렇게 생각하지 않았습니다. 즉 지
구가 편평하다고 생각했습니다.

그래서 그들은 앞으로 계속 걸어 나가면 지구 저쪽 끝에 있
는 낭떠러지에 떨어지게 될 것이라고 굳게 믿었습니다.

그 당시 사람들의 보편적인 생각이 이러했다는 사실을 감안하면 지구가 편평하지 않고 둥글다는 사실을 알아낸 것만 해도 굉장한 발견이었을 것입니다.

하물며 걸음의 폭과 막대기만을 가지고서 지구의 둘레를 측정해 내었으니 이 어찌 놀랄 만한 발견이 아니겠습니까?

오늘날의 과학 지식으로 계산한 지구의 둘레는 약 4만km입니다. 이것으로부터 우리는 에라토스테네스가 측정한 지구 둘레의 값이 약 10% 정도의 오차밖에 나지 않는다는 사실을 알 수 있습니다.

지금으로부터 무려 2200년 전 에라토스테네스는 매우 평범하고 일상적인 현상을 그냥 지나쳐 버리지 않고 단지 막대기와 튼튼한 다리, 그리고 실험을 좋아하는 열정만을 가지고서 지구의 둘레를 측정해 낸 것입니다.

우리는 지구의 모양이 둥글다고 생각하고 있습니다. 그렇지만 지구의 모양은 둥글지 않습니다. 물론 그렇다고 지구가 편평한 것은 절대로 아닙니다. 단지 지구의 모양이 완전하게 둥글지 않다는 것입니다.

그렇다면 지구는 어떤 모양일까요?

지구는 적도 부근이 약간 튀어나온 타원체 모양입니다. 그러면 어떻게 해서 이러한 지구의 모양을 알 수 있었을까요?

1671년 프랑스의 천문학자들은 적도 부근으로 천문 관측을 하러 떠났습니다. 그곳에서 그들은 하나의 특이한 현상을 발견했습니다. 파리에서는 정확히 맞던 진자 시계가 맞지 않는 것이었습니다. 그들은 그 원인이 지구가 완전한 구가 아니기 때문이라는 사실은 알아내었으나 명확하게 밝히지는 못했습니다.

이것을 밝힌 사람은 뉴턴입니다. 뉴턴은 자신의 중력 법칙과 운동 법칙을 이용해서 지구는 적도 부근이 약간 찌그러진 타원체라는 사실을 지구의 자전 효과 때문이라고 명확하게 설명할 수 있었습니다.

지구의 모양은 양극 쪽이 약간 납작하고 적도 쪽이 약간 튀어나온 타원체라고 해서 지구 타원체라고 합니다.

지구 타원체를 고려할 때에는 약방의 감초처럼 반드시 함께 고려해야만 하는 것이 있는데 이것이 바로 편평도입니다.

편평도란 편평한 정도를 나타내 주는 양입니다.

지구의 편평도를 e, 지구의 적도 반지름을 a, 지구의 극 반지름을 b라고 하면 지구의 편평도는 다음과 같습니다.

$$e = \frac{(a-b)}{a}$$

이 식을 통해서 다음과 같은 사실을 알 수 있습니다.

지구의 극 반지름이 짧으면 짧을수록 또는 지구의 적도 반지름이 길면 길수록 지구의 편평도는 커집니다. 즉 지구의 극 반지름이 짧으면 짧을수록 또는 지구의 적도 반지름이 길면 길수록 지구는 더 납작해집니다.

편평도의 식에 의해서 계산된 지구의 편평도 값은 약 300분의 1입니다. 이것은 매우 작은 값입니다.

지구를 구라고 생각해도 그렇게 큰 문제가 발생하지 않는 이유가 바로 여기에 있습니다.

그리고 지구 타원체 말고도 빼놓을 수 없는 중요한 또 하나의 지구 모양이 있습니다. 이것은 지오이드라고 하는 것입니다. 지오이드란 평균 해수면을 육지까지 연장시켜 지표면을 모두 둘러쌌다고 가정했을 때 만들어지는 지구의 모양을 말합니다. 그러니 지오이드는 두말할 것도 없이 해발 고도 측정 즉 수준 측량의 기준이 되는 면이겠죠! 또한 지오이드는 중력 방향에 수직인 면이기도 합니다.

 탐구하기

문 에라토스테네스는 특별한 관측기기 하나 없이 단지 막대기로 측정한 태양의 고도차를 이용해서 지구의 크기를 알아냈습니다.

그러면 에라토스테네스가 이 측정을 하기 위해서 가정해야 하는 사항은 무엇이었을까요?

ㄱ) 지구는 완전한 구형이고, 태양 광선은 지구에 평행하게 도달한다.

ㄴ) 지구는 완전한 구형이고, 태양 광선은 지구에 평행하게 도달하지 않는다.

ㄷ) 지구는 약간 찌그러진 타원형이고, 태양 광선은 지구에 평행하게 도달한다.

ㄹ) 지구는 약간 찌그러진 타원형이고, 태양 광선은 지구에 평행하게 도달하지 않는다.

ㅁ) 지구는 완전히 찌그러진 타원형이고, 태양 광선은 지구에 평행하게 도달하지 않는다.

답 에라토스테네스가 지구의 크기를 측정함에 있어서 가정한 사실은 지구는 완전한 구형이고, 태양 광선은 지구에 평행하게 도달한다는 것입니다. 만약 태양 광선이 지구에 평행

하게 도달하지 않는다면 막대기의 그림자 길이가 아무런 의미
를 갖지 못합니다. 그리고 지구는 완전한 구형이 아니라고 가
정한다면 비례식을 적용할 수 없습니다.

　에라토스테네스가 지구의 크기를 알아내는 데 이용한 두 가
지의 결정적인 방법이 바로 막대기의 그림자 길이 차와 비례
식이었습니다. 만약 이것을 적용할 수 없었다면 에라토스테네
스가 지구의 크기를 측정해 낼 수 없었을 것입니다.

　따라서 정답은 ㄱ)입니다.

문 지구는 완전한 구가 아니고 적도 쪽이 약간 부푼 타원체
의 모양을 하고 있습니다. 많은 학자와 탐험대들이 지구
타원체의 크기와 모양을 알기 위해서 많은 측정을 했습니다.
　이러한 지구 타원체의 값은 다음과 같습니다.

지구 타원체	연대	극 반지름(km)	편평도
에베레스트	1830	6356.075	1/300.80
베셀	1841	6356.079	1/299.32
클라크	1866	6356.584	1/294.98
헤이포드	1910	6356.912	1/297.00
피셔	1960	6356.778	1/298.30

　이 자료를 근거로 판단해 볼 때 적도 반경이 가장 짧게 측
정되었을 것이라고 생각되는 지구 타원체는 어느 것일까요?
　ㄱ) 에베레스트
　ㄴ) 베셀
　ㄷ) 클라크

ㄹ) 헤이포드

ㅁ) 피셔

답 편평도는 적도 반지름과 극 반지름의 차를 다시 적도 반
지름으로 나눈 것입니다. 그러니 극 반지름이 길수록 또
는 적도 반지름이 짧을수록 편평도는 작아지게 되겠죠. 그런
데 이 5개 지구 타원체의 극 반지름은 크게 차이가 나지 않고
편평도는 많은 차이를 보이고 있습니다.

따라서 위의 5개의 지구 타원체 중에서 편평도가 가장 작은
에베레스트가 적도 반지름을 가장 짧게 측정했을 것이라는 사
실을 예상할 수 있겠죠!

● **좀더 알아봅시다**

지각을 구성하고 있는 물질의 대부분은 규산염 광물입니
다. 즉 지각 구성 광물의 약 92%가 규산염 광물이죠.

지각을 구성하고 있는 암석에는 퇴적암, 화성암, 변성암이
있는데 이것의 구성 비율은 장소에 따라서 다릅니다. 그래서
지각 전체에 대해 암석이 차지하는 비율은 화성암이 약
65%, 변성암이 약 27%, 퇴적암이 약 8%임에도 불구하고
대륙의 지표 부근에는 퇴적암이 전체 암석의 약 75%를 차
지하고 그 나머지 25%를 화성암과 변성암이 차지하고 있습
니다.

지각을 구성하고 있는 물질에는 이른바 지각 구성의 8대
원소ㅡ산소(O), 규소(Si), 알루미늄(Al), 철(Fe), 칼슘
(Ca), 나트륨(Na), 칼륨(K), 그리고 마그네슘(Mg)ㅡ가 있
습니다. 이것의 존재하는 양을 비교해 보면 산소(O) > 규소

(Si) 〉알루미늄(Al) 〉철(Fe) 〉칼슘(Ca) 〉나트륨(Na) 〉칼륨(K) 〉마그네슘(Mg)의 순서랍니다.

개구리 다리에서 전기를

— 동물 전기 —

 이야기

18세기 이탈리아에 갈바니라는 학자가 있었습니다.

하루는 갈바니가 외출한 사이 그의 부인이 개구리 스프를 만들기 위해서 개구리의 껍질을 벗기고 있었습니다. 그녀는 껍질이 다 벗겨진 개구리를 금속 접시에 놓고 그 위에 칼을 올려 놓았습니다. 그리고 나서 그녀는 갈바니를 기다리고 있던 학생들과 담소를 나누었습니다. 이때 평소 장난하기를 좋아하는 한 학생이 식탁 옆에 있던 전기 발생 장치를 작동시켰습니다. 그러자 금속 접시에 놓여 있던 개구리가 갑자기 살아 있는 것처럼 꿈틀거리기 시작했습니다.

이 광경에 모두들 놀랐지만 잠시 후 이들은 새로운 사실을 발견하였습니다. 그것은 단지 칼과 접촉해 있던 다리만 움직인다는 것입니다. 또한 이런 현상은 전기 발생 장치가 작동되는 동안에만 일어난다는 것도 알아냈습니다.

갈바니가 돌아오자 학생들은 자신들이 본 광경을 자세하게 말했습니다. 이 말을 들은 갈바니의 가슴은 쿵쾅쿵쾅 뛰기 시작했습니다. 전기에 관한 실험을 하려던 참이었는데 이것이 좋은 소재가 될 수 있을 것 같았기 때문이었습니다.

갈바니는 실험을 시작했습니다. 그는 우선 개구리를 해부하여 개구리의 뒷다리에 전기 충격을 주었습니다. 그랬더니 개구리의 뒷다리에서 심한 수축 현상이 일어나는 것이었습니다. 그가 똑같은 실험을 반복해 본 결과는 항상 같았습니다.

그는 개구리의 다리를 사용해 전기와 다리의 근육 운동에 관한 실험을 계속했습니다. 그는 이 실험을 통해서 개구리 뒷다리와 전기 충격 사이에는 어떤 연관이 있다는 사실을 알게 되었습니다. 그는 생각했습니다.

'분명히 전기는 개구리의 뒷다리에 경련을 일으키게 한다. 그렇다면 이런 현상이 일어나는 원인은 어디에 있는 것일까?'

오랜 생각과 고민 끝에 갈바니는 하나의 결론에 이르렀습니다.

"이것은 동물 전기 때문이다. 즉 동물의 몸 속에는 전기 요소가 들어 있는 게 분명해. 그것이 바로 이런 현상을 일으키는 주요 원인일 거야."

 사고하기

동물의 몸 속에는 수많은 신경이 있습니다. 신경계를 구성하고 있는 각각의 신경은 한 개 또는 몇 개의 신경 회로로 이루어져 있습니다.

신경이 신경 회로를 이룰 수 있는 것은 신경이 가지고 있는 기본적인 특징 때문입니다. 이 특징에 의해서 신경은 외부로부터의 자극에 독특한 전기적 반응을 나타낼 수 있고, 이것을 다른 세포에 전달시켜 정보를 제공해 줄 수 있습니다.

그러면 동물의 몸 속에서 전기적 자극이 어떻게 전달되는지 한번 알아보도록 할까요?

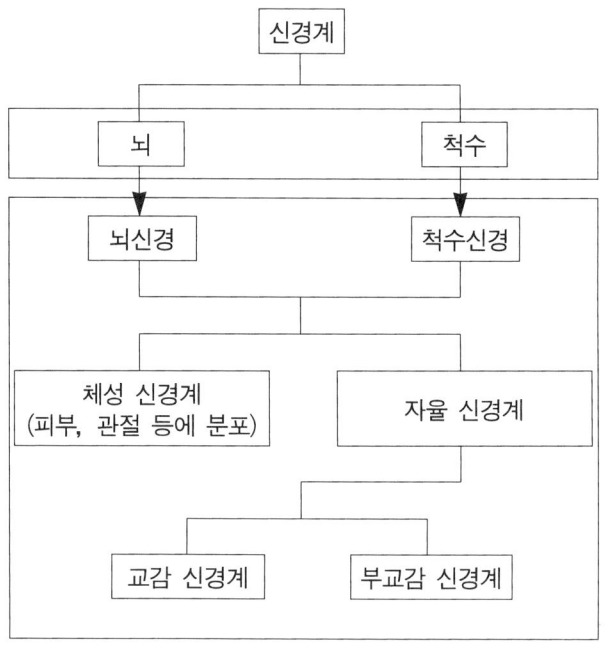

　모든 세포는 자극 감수성을 가지고 있습니다. 그렇기 때문에 외부로부터 자극이 세포에 가해지면 세포는 자극에 반응하게 되고, 그로 인해서 신경 세포에 변화가 일어나게 됩니다.

　예를 들면 누르거나 찌르면 아픔을 느끼고, 고추를 먹으면 매운 맛을 느끼는 것이 그런 이유 때문입니다.

　그런데 자극 감수성은 신경에서 특히 민감한 반응을 나타냅니다. 그렇다면 왜 자극 감수성이 신경에서 특히 두드러지게 나타나는 것일까요?

　이것은 신경 세포막에서 일어나는 전기적인 변화 때문입니다.

　신경 세포막 바깥쪽과 안쪽에는 전하를 띤 몇몇의 이온들이 존재하고 있습니다. 이 이온들은 나트륨 양(+) 이온, 염소 음(−) 이온, 칼륨 양(+) 이온 등입니다.

그런데 중요한 것은 이것이 아닙니다.

신경 세포막 바깥쪽과 안쪽에 존재하는 이들의 분포 비율은 일정하지 않고 불균일합니다.

구체적으로 말하면 신경 세포막 바깥쪽에는 나트륨 양(+) 이온과 염소 음(−) 이온이 많이 분포하고 있는데, 신경 세포 막 안쪽에는 칼륨 양(+) 이온과 음(−)의 단백질 분자가 많 이 분포하고 있습니다.

바로 이런 이유 때문에 신경 세포막 바깥쪽과 안쪽 사이에 전위차가 발생하게 됩니다. 중요한 것은 바로 이 사실입니다.

신경 세포막 바깥쪽과 안쪽을 경계로 해서 분포된 양(+) 이온과 음(−) 이온 때문에 발생된 전위를 막전위라고 합니 다.

신경 세포가 자극을 받지 않아 쉬고 있는 상태의 신경막 전 위를 휴지 막전위 또는 휴지 전위라고 합니다. 이 전위의 세 기 는 신경의 종류에 따라서 일정하지는 않지만 약 $50\sim100\text{mV}$(밀리 볼트) 정도입니다.

1mV의 전위의 세기는 1V의 약 1000분의 1의 세기입니다. 그러니 1.5V 건전지의 세기를 생각한다면 휴지 전위의 세기 가 어느 정도인지 알 수 있을 것입니다.

그렇다면 휴지막 전위는 어떻게 해서 발생되는 것일까요?

신경 세포막은 많은 이온들이 세포 안쪽과 바깥쪽을 마음대 로 왕래할 수 없도록 하는 독특한 특성을 가지고 있습니다. 즉 신경 세포막은 모든 이온들에 대해서 각기 다른 선택적 투 과성을 가지고 있습니다.

예를 들면 신경 세포막은 나트륨 양(+) 이온에 대해서는 비교적 불투과성을 나타내지만 칼륨 양(+) 이온에 대해서는 나트륨 양(+) 이온에 비해 약 50~100배 정도의 큰 투과성을 보입니다. 따라서 신경 세포막 바깥쪽에는 나트륨 양(+) 이온이 많아지게 되고, 안쪽에는 칼륨 양(+) 이온이 많이 분포하게 됩니다.

이때 신경 세포막 내부에 다량 존재하고 있는 음(−)으로 하전된 단백질 분자가 이 상태에 작용하게 됩니다. 그래서 신경 세포막 바깥쪽은 양(+)의 상태, 안쪽은 음(−)의 상태로 변하는 것입니다.

이렇게 해서 신경 세포막 안쪽과 바깥쪽 사이에는 전위차가 발생하는데, 이러한 현상을 가리켜 막이 분극되어 있다고 합니다.

이것에 비해 신경 세포에 적당한 자극이 가해지게 되면 신경은 이것에 반응하게 되고, 그로 인해서 신경의 막 전위는 아주 독특하고 특징적인 방법으로 변화합니다. 이런 막 전위의 변화를 활동 전위라고 합니다.

신경 섬유를 통해서 전달되는 신경의 충격이 바로 활동 전위에 의한 것입니다.

그렇다면 활동 전위는 어떻게 해서 발생하게 될까요?

신경 섬유에 일정량 이상의 자극이 가해지면 신경 세포막의 이온을 투과시키는 과정에 변화가 옵니다. 이때에는 다량의 약 600배에 이르는 나트륨 양(+) 이온이 신경 세포막 안쪽으로 들어가게 됩니다.

물론 활동 전위가 일어나는 짧은 시간 동안 신경 세포막 안쪽에 있던 칼륨 양(+) 이온도 바깥쪽으로 이동하게 됩니다.

그 결과 자극을 받은 신경 세포막은 양(+)과 음(−)의 상태가 휴지 전위 상태와는 반대의 상태로 변하게 됩니다.

이와 같이 신경 세포막 사이의 막전위가 휴지 전위에 비해 반대로 변한 상태를 탈분극이라 하고 이때의 전위 변화를 활동 전위라고 합니다.

이렇게 해서 만들어진 활동 전위에 의해서 흥분이 전달되는 과정은 대략 다음과 같습니다.

자극에 의해서 한 부위가 흥분하게 되면 휴지 전위 상태를 유지하고 있던 그 인접 부위에서도 앞에서 말한 현상과 똑같은 변화가 곧바로 일어나게 되고 이런 식의 변화는 신경을 따라 계속 전달됩니다.

그리고 흥분이 전달된 다음에는 신경 세포막이 다시 원래의 상태로 되돌아가게 됩니다. 즉 나트륨 양(+) 이온은 신경 세포막 바깥쪽으로 나오게 되고, 칼륨 양(+) 이온 또한 안쪽으로 들어가게 되어 신경

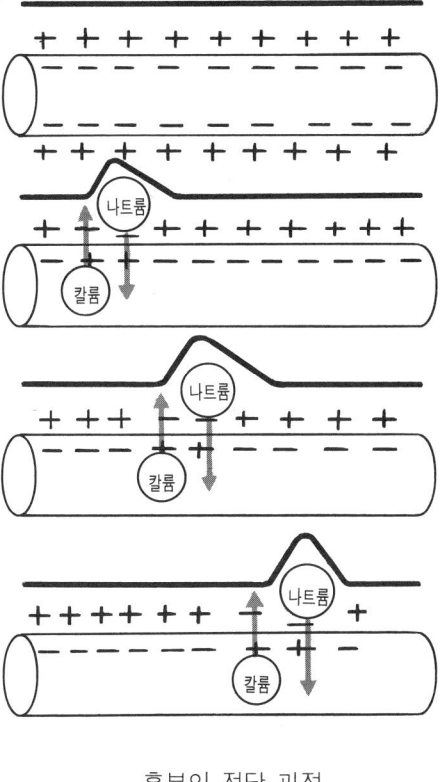

흥분의 전달 과정

세포막은 다시 원래의 휴지 전위 상태로 되돌아가게 됩니다.

이런 현상을 재분극 현상이라고 합니다.

 탐구하기

 자극이 가해지면 흥분한 신경 섬유는 전위를 전달시키게 됩니다.

그러면 발생한 흥분이 (가)를 지나 (나)로 이동되었다고 할 경우 다음 중에서 활동 전위의 상태가 올바른 것은 어느 것일까요?

ㄱ)
(가) → (나)
```
+++++    +++++
-----    -----

-----    -----
+++++    +++++
```

ㄴ)
(가) → (나)
```
-----    -----
+++++    +++++
+++++    +++++
-----    -----
```

ㄷ)
(가) → (나)
```
-----    +++++
+++++    -----
+++++    -----
-----    +++++
```

ㄹ)
(가) → (나)
```
+++++    -----
-----    +++++
-----    +++++
+++++    -----
```

ㅁ)
(가) → (나)
```
+++++    +++++
+++++    +++++
-----    -----
-----    -----
```

 흥분이 전달되는 곳의 전위 상태는 변화를 받게 됩니다. 즉 신경 세포막의 안쪽은 양(+), 바깥쪽은 음(-)으로

162

변하게 됩니다.

그러므로 올바른 신경 세포막의 전위 상태는 ㄹ)입니다.

문 신경 섬유에 자극이 가해지면 활동 전위가 발생하게 됩니다. 이때 긴밀하게 관여하는 이온은 어느 것일까요?

ㄱ) 마그네슘 이온(Mg^{2+})과 나트륨 이온(Na^+)

ㄴ) 마그네슘 이온(Mg^{2+})과 칼륨 이온(K^+)

ㄷ) 칼슘 이온(Ca^{2+})과 칼륨 이온(K^+)

ㄹ) 칼륨 이온(K^+)과 나트륨 이온(Na^+)

ㅁ) 나트륨 이온(Na^+)과 염소 이온(Cl^-)

답 신경 섬유에 자극이 가해지면 칼륨 이온(K^+)은 신경 섬유막의 바깥쪽으로 이동하게 되고, 나트륨 이온(Na^+)은 신경 섬유막의 안쪽으로 이동하게 됩니다.

따라서 활동 전위에 관여하는 이온은 칼륨 이온(K^+)과 나트륨 이온(Na^+)이란 사실을 알 수 있겠죠!

● **좀더 알아봅시다**

신경계의 구조와 기능의 기본 단위인 뉴런은 신경 세포체, 수상 돌기, 축색 돌기라는 세 부분으로 이루어져 있습니다.

신경 세포체는 뉴런의 본체라고 할 수 있는 부분으로서 핵과 세포체로 이루어져 있으며 뉴런의 생장과 물질 대사에 깊은 관여를 합니다.

수상 돌기는 신경 세포체로부터 분화된 일종의 돌기로서 다른 뉴런에서 전해지는 자극을 수용하는 곳입니다.

축색 돌기 또한 신경 세포체로부터 분화된 돌기로서, 이것은 다음 뉴런에 흥분을 전달해 주는 역할을 합니다.

　그리고 뉴런은 기능에 따라서 감각 · 운동 · 연합 뉴런으로
분류되고, 구조에 따라서는 유수 신경과 무수 신경으로 구분
됩니다.

프랑스 혁명이 낳은 또 하나의 결과
― 도량형의 중요성 ―

 이야기

오늘날 대부분의 나라에서는 길이의 단위로 미터(m)를 사용하고 있습니다. 이 방법은 언제 어떻게 해서 만들어졌을까요?

세계에서 최초로 미터법을 적용한 나라는 프랑스였습니다.

18세기 후반 프랑스는 관료의 부패로 인해서 민심이 어수선해질 대로 어수선해져 있었습니다. 마침내 견디다 못한 백성들이 봉기를 일으켰습니다. 이것이 바로 프랑스 혁명입니다.

프랑스를 새롭게 천하통일한 혁명 정부는 혼란스러운 상황을 하루 빨리 원상 복구시키기 위해서 무엇보다도 먼저 해야 할 일이 도량형을 고치는 문제라고 생각했습니다. 그래서 영원히 변치 않는 도량형 법을 제정하자는 기치 아래 1m의 기준을 정하는 작업에 들어갔습니다.

이 일을 맡은 부서는 프랑스 과학 아카데미였습니다.

프랑스 과학 아카데미는 약 6년에 걸쳐서 지구 자오선을 따라서 북극에서 적도까지의 거리를 실측했습니다. 그런 다음 자오선의 북극에서 적도까지의 거리의 1000만분의 1의 길이를 1m로 정하는 규약을 만들었습니다.

그런데 여기에 문제점이 드러났습니다. 어느 정도의 시간이

흐른 뒤 자오선의 북극에서 적도까지의 거리를 다시 측정해
보았더니 그 길이가 원래의 값과 약 0.023%의 오차가 생겼
습니다.

그리고 이때 드러난 문제점은 여기에 그치지 않고 다시 측
정할 때마다 오차가 생길 가능성이 많다는 사실이었습니다.

이렇게 되자 프랑스 과학 아카데미는 새롭게 길이의 표준을
정해야만 했습니다.

그래서 길이의 국제적 표준으로서 만들어진 것이 국제 미터
원기입니다. 이것은 백금 90%와 이리듐 10%로 구성된 합금
막대기로서 프랑스의 국제도량형국에 보관되어 있습니다.

그리고 이때 이것과 함께 국제 킬로그램 원기도 만들었습니

166

다.

국제도량형국에서는 국제 미터법 조약에 따라서 세계 모든 나라에 이것과 똑같은 것을 만들어 공급해 주었습니다. 세계 모든 나라들은 1960년까지 이 길이를 모든 길이의 표준으로 삼았습니다.

그러나 이것도 문제점이 있었습니다. 만약 화재나 전쟁과 같은 천재지변이 일어날 경우 이것은 소실될 가능성이 높았던 것입니다. 그렇다면 새로운 미터 원기를 소실되기 전의 미터 원기와 완전히 똑같게 재생시켜야만 하는 문제점이 있습니다.

이 재생성의 문제에 있어서 뭐 이런 정도의 오차를 가지고 그러느냐고 반문하는 사람들도 있을 것입니다. 그러나 측정의 정확성 문제는 과학의 발전과 비례해서 민감해져야만 합니다. 정밀 과학에 있어서 정밀도는 그야말로 생명이라고 할 수 있습니다. 왜냐하면 아주 작은 길이의 차이라 할지라도 이것이 복합되었을 때에는 엄청난 차이를 가져올 수 있기 때문입니다.

예를 들면 달에 보낼 우주선 유도 장치에 생긴 차이가 아주 작다고 해서 무시해 버린다면 이 우주선은 원래 예상했던 달의 착륙 지점으로부터 동떨어진 곳에 착륙하게 될 것은 뻔한 일이고, 심지어는 달에 착륙하지도 못하고 우주 공간을 방황하게 될 것입니다.

그래서 새로운 길이의 대안으로써 나온 것이 빛의 파장이었습니다.

1961년에 크립톤(Kr‐86) 원자의 진공 상태에서 오렌지 색의 파장 길이의 $1,650,763,730$배를 1m로 정했습니다. 이것은 이전 것보다 더 뛰어난 정확성과 손쉽게 사용할 수 있는 장점을 가지고 있었습니다.

그러나 시간이 흘러 과학의 발전이 하루가 다르게 변하게 되자 이것으로도 만족할 수 없게 되었습니다. 아주 약간의 오차도 허용하지 않는 완전한 불변성을 갖는 새로운 것을 찾아야 했습니다.

이런 목적에 완전히 들어맞는 것이 발견되었는데 그것은 빛입니다.

이 세상에서 가장 빠르고 정확한 존재이며 우주 어느 곳에서나 그 어떤 것보다 쉽게 찾을 수 있는 존재라는 사실이 빛을 1m의 기준으로 삼게 한 결정적인 요인입니다.

 사고하기

과학은 측정에 바탕을 두고 있는 학문이라고 할 수 있습니다. 왜냐하면 실험은 과학을 연구하는 데 있어서 결코 빼놓을 수 없기 때문입니다.

물질을 측정하기 위해서는 그것을 표현할 수 있는 단위가 있어야만 합니다. 특히 올바른 측정을 위해서 단위의 필요성은 절대적입니다. 만약 물의 온도를 측정해야만 하는데 '이쪽 물은 뜨겁다, 저쪽 물은 차갑다' 라는 식으로 실험 결과를 표현한다면 어떻게 될까요?

우선 여기에는 뜨겁다 차갑다는 기준이 정해져 있지 않습니다. 일정한 기준이 없이 측정된 실험 결과는 객관성이 부족하다고 할 수 있습니다.

그래서 국제적으로 공통된 단위를 만들어 사용하고 있는 것입니다. 국제도량형학회가 규정한 단위에는 기본 단위와 유도 단위가 있습니다.

기본 단위로는 길이의 단위, 질량의 단위, 시간의 단위, 전류의 단위, 열역학적 온도의 단위, 물질의 양의 단위, 그리고 광도의 단위가 있습니다. 길이의 단위로는 미터(m), 질량의 단위로는 킬로그램(kg), 시간의 단위로는 초(s), 전류의 단위로는 암페어(A), 열역학적 온도의 단위로는 켈빈(K), 물질의 양의 단위로는 몰(mol), 그리고 광도의 단위로는 칸델라(cd)를 사용합니다.

이 7개의 국제 공인 기본 단위를 SI단위라고 합니다.

그러면 7개의 국제 기본 단위 중 길이와 질량 그리고 시간에 대해서만 그 정의를 알아볼까요.

• 1미터(m)는 진공 상태에서 299,792,458분의 1초 동안 빛이 나아간 길이로 정의한다.

• 1킬로그램(kg)은 프랑스의 국제도량형국에 보관되어 있는 백금 90%, 이리듐 10%의 합금으로 만든 국제 킬로그램 원기를 1킬로그램으로 정의한다.

• 1초(s)는 세슘-133 원자의 바닥 상태에서 방출되는 복사선이 9,192,631,770번 진동하는 시간으로 정의한다.

그리고 이 7개의 기본 단위 이외의 다른 단위를 국제 유도 단위라고 합니다.

예를 들면 여기에는 부피, 속도, 가속도, 힘, 압력, 에너지, 전압, 진동수…… 등이 있습니다.

대부분의 실험 결과는 수로 나타내는데 이들 수 중에는 굉장히 큰 수가 있습니다.

예를 들면 지구에서 태양까지의 거리는 미터 단위로 15에 영(0)을 10개 정도 붙인 거리이고, 태양의 질량은 킬로그램 단위로 2에 영(0)을 30개 정도 붙인 질량입니다.

2에 영(0)을 30개나 붙여야만 한다고 생각해 보세요? 얼마나 불편한 일일까요?

이런 불편스러움을 덜어 주기 위해서 만들어진 기호가 바로 지수입니다.

지수를 사용하면 이렇게 큰 수를 매우 간단하게 나타낼 수가 있습니다. 즉 지구에서 태양까지의 거리는 15×10^{10}m, 태양의 질량은 2×10^{30}kg으로 표현할 수가 있습니다.

지수의 편리함

탐구하기

문 여러 현상과 결과들을 물리량을 이용하여 표현해 보았습니다. 다음 중에서 표현이 어색하지 않은 것은 어느 것일까요?

ㄱ) 인섭의 몸무게는 문석의 몸무게보다 2kg 더 무겁다.
ㄴ) 윤철은 자동차를 100km/h의 속도로 운전했다.
ㄷ) 어떤 고등학교의 운동장 넓이는 1만m³이다.
ㄹ) 질량이 100g인 사과의 무게는 100g중이다.
ㅁ) 어떤 방송국의 주기는 90MHz이다.

답 kg은 질량의 단위이지 무게의 단위가 아닙니다. 무게의 단위는 kg중입니다. 그러니 "질량이 100g인 사과의 무게는 100g중이다"라는 표현은 맞습니다.

그렇지만 "인섭이의 몸무게는 문석이의 몸무게보다 2kg 더 무겁다"라는 표현은 "인섭이의 질량은 문석이의 질량보다 2kg 더 무겁다"라든가 "인섭이의 몸무게는 문석이의 몸무게보다 2kg중 더 무겁다"로 고쳐야 할 것입니다.

km/h는 속력의 단위이지 속도의 단위가 아닙니다.

그러므로 "윤철이는 자동차를 100km/h의 속도로 운전했다"라는 표현은 "윤철이는 자동차를 100km/h의 속력으로 운전했다"로 고쳐야 합니다.

넓이의 단위는 m²입니다. m³은 부피의 단위입니다.

따라서 "어떤 고등학교의 운동장 넓이는 1만m³이다"라는 표현은 "어떤 고등학교의 운동장 넓이는 1만m²이다"라고 해야 합니다.

헤르츠(Hz)는 진동수 또는 주파수의 단위입니다.

그러니 "어떤 방송국의 주기는 90MHz이다"라는 표현은 "어떤 방송국의 주파수는 90MHz이다"라고 해야 합니다.

그리고 여기에서 M은 100만을 가리키는 접두사입니다. 따라서 90MHz란 1초 동안 9,000만 번을 진동한다는 의미입니다.

문 소형 모터에 매달려서 일정한 주기로 회전하고 있는 막대기에서 약간 떨어진 곳에 둥근 원판이 있습니다. 그리고 이 원판에는 아주 작은 구멍이 뚫려 있습니다. 이 구멍 사이로 막대기가 나타나는 시간을 불규칙하게 측정해 보았더니 1.5초, 3초, 4초, 4.5초였습니다.

그러면 이 결과로 추론할 때 다음 중에서 가장 타당한 것은 어느 것일까요?

ㄱ) 막대기의 회전 주기는 정확히 1.5초이다.

ㄴ) 막대기의 회전 주기는 정확히 4.5초이다.

ㄷ) 막대기의 회전 주기는 0.5초이거나 이보다 더 짧아야만 한다.

ㄹ) 막대기의 회전 주기는 1초와 1.5초 사이이다.

ㅁ) 막대기의 회전 주기는 반드시 1.5초보다는 길어야만 한다.

답 둥근 원판의 가는 구멍 사이로 측정한 시간이 1.5초, 3초, 4초, 4.5초였다는 사실은 무엇을 뜻하나요?

막대기가 1.5초, 3초, 4초, 4.5초가 지난 후에 보였다는 것이겠죠.

그렇다면 시간을 측정한 순간부터 1.5초가 지난 후에 막대기가 보였으니 막대기의 주기는 적어도 1.5초 이상은 안 될 것입니다. 그런데 그 뒤의 측정에서 3초와 4초 사이에서 1초의 시간 차이가 났었고 또한 4초와 4.5초의 시간 차이에서는 0.5초의 시간 차이가 생겼습니다. 그러니 이로부터 막대기의 회전 주기가 0.5초보다 작거나 아니면 같아야만 한다는 사실을 짐작할 수 있습니다.

● 좀더 알아봅시다

물리량은 크기만을 나타내는 양과 크기와 방향을 한꺼번에 나타내는 양이 있습니다. 크기만을 나타내는 양을 스칼라량이라고 하고, 크기와 방향을 한꺼번에 나타내는 양을 벡터량이라고 합니다.

스칼라량의 예로는 속력, 질량, 온도, 압력, 체적, 시간, 길이, 일, 에너지, 부피 등을 들 수 있고, 벡터량의 예로는 속도, 가속도, 힘, 무게, 전기장, 자기장 등을 들 수 있습니다.

물질의 신비

미지의 빛

— 방사성 원소 —

 이야기

19세기 말 독일의 뢴트겐은 일종의 진공 방전관을 가지고 여러 가지 실험을 하고 있었습니다.

그는 커튼으로 창을 모두 가려서 빛이 들어올 수 없도록 실험실을 어둡게 만든 다음 진공 방전관을 검은 종이로 쌌습니다.

잠시 후 그는 진공 방전관에 전류가 흐르게 스위치를 켜고서 무심코 주위를 둘러보았습니다. 그때 실험실의 한쪽 구석에서 형광 스크린 한 개가 밝게 빛나고 있었습니다.

뢴트겐은 생각했습니다.

'이거 정말 이상한 일이네. 진공 방전관은 검은 종이로 싸여 있고, 실험실도 온통 커튼으로 가려져 있어서 그 어떠한 빛도 스크린에 도달할 수 없을텐데…….'

눈을 몇 번씩 비벼 보았지만 스크린은 여전히 빛나고 있었습니다.

그는 또다시 생각했습니다.

'스크린이 빛나고 있다는 것은 이 실험실의 어딘가에서 빛이 방출되고 있다는 증거인데 도대체 그게 가능한 일일까?'

뢴트겐은 이 현상이 도저히 믿기지 않아 연신 중얼거리면서 실험실을 왔다갔다 했습니다.

"불가능한 일이야. 불가능……. 그런데 내 눈은 이것이 가능하다는 것을 말해 주고 있지 않은가. 그럼, 어떻게 한다지?"

그러다 세워 놓은 스크린이 그의 발에 걸려 넘어졌습니다. 그는 넘어진 스크린을 세웠습니다. 그러자 세운 스크린에는 밝게 빛나는 곳이 나타나지 않았습니다.

"이게 무슨 조화란 말이야. 이거 스크린의 위치가 아까와는 약간 달라졌네! 아하, 그렇구나!"

뢴트겐은 스크린을 원래의 위치대로 배치시켜 보았습니다. 그랬더니 스크린에 밝게 빛나는 점이 나타났습니다. 이번에는 스크린을 진공 방전관 쪽으로 가까이 가져가 보았습니다. 그랬더니 스크린은 계속 빛났습니다. 뢴트겐은 생각했습니다.

'아, 이 미지의 빛이 방출되는 곳은 진공 방전관이구나! 그리고 이 미지의 빛은 두꺼운 검은 종이를 뚫고 나올 수 있을 만큼의 강력한 세기를 가지고 있구나!'

그는 스크린과 두꺼운 검은 종이로 가린 진공 방전관 사이에 널빤지도 놓아 보고 헝겊으로 가려 보기도 했습니다. 결과는 똑같았습니다. 즉 스크린은 여전히 빛나고 있었습니다.

그러나 그 사이에 금속판을 놓았을 때에는 스크린에 빛이 나타나지 않고 그림자가 나타났습니다.

이 사실에서 뢴트겐은 진공 방전관으로부터 방출되는 이 미지의 빛이 나무나 섬유 등의 물질은 통과할 수 있지만 금속을 통과할 만큼 강하지 못하다는 사실을 알게 되었습니다.

이 결과에 만족하지 않은 뢴트겐은 아주 기발한 생각을 해 냈습니다.

'이 미지의 빛을 이용해서 물체를 사진 건판에 쪼이면 사진 건판에 물체의 형상이 감광되어 나타나지 않을까?'

 그는 이것을 실험해 보기 위해서 실험 대상으로 자기 아내의 손을 선택했습니다.

 사진 건판에 감광되어 나온 결과는 뢴트겐의 예상대로였습니다. 현상된 사진 감광판에는 아내의 손뼈가 명확하게 나타났습니다.

 뢴트겐은 이 빛을 미지의 빛이라는 의미로 1896년에 'X선'이라는 이름으로 발표했습니다.

 1896년 파리에서는 X선 사진 전시회가 열리고 있었습니다. 이 자리에는 앙리 베크렐이라는 과학자도 있었습니다.

 베크렐은 X선 사진 전시회를 다 둘러보고 나서 다음과 같은 생각을 했습니다.

 'X선이 반드시 진공 방전관으로부터만 방출될 이유는 없지 않을까? 빛을 발하는 그 밖의 다른 물질들로부터도 X선은 방출될 수 있지 않을까?'

 베크렐은 여러 물질을 사용해서 뢴트겐이 한 것과 비슷한 방법으로 실험했습니다.

 그는 사진 건판에 물질을 놓고 그 옆의 은화 위에도 같은 물질을 놓았습니다. 그런 다음 그는 이 사진 건판을 햇볕이 잘 드는 곳에 놓아 두었습니다.

 베크렐은 생각했습니다.

 '만약 이 물질이 정말로 X선을 방출한다면 사진 건판에 올려 놓은 물질은 사진 건판에 뚜렷한 결정의 사진을 만들어 낼 것이고, 또 은화 위에 올려 놓은 물질로부터 방출되는 X선은 사진 건판에 은화의 영상을 만들어 내게 될 것이

다.'

이 실험의 결과는 베크렐의 예상대로였습니다.

얼마의 시간이 지난 후 그는 이 실험을 다시 해 보려고 했으나, 날씨가 좋지 않았습니다. 그래서 그는 날씨가 좋아지면 다시 실험해 보기로 하고 이것을 벽장 속에 넣어 두었습니다. 그러나 며칠이 지나도 날씨는 좋아지지 않았습니다.

베크렐은 그 동안 쪼여 준 햇볕의 양이 부족해서 사진 건판에 영상이 잘 나타나지 않을 것이라고 생각했지만 더 이상 기다리기 지루해서 그냥 사진 건판을 현상해 보기로 했습니다.

그런데 이게 어찌된 일입니까?

사진 건판 위에 나타난 영상의 선명도는 햇볕을 많이 쪼여 주었던 이전의 것보다 조금도 뒤떨어지지 않았습니다.

베크렐은 많은 시간을 고민한 끝에 다음과 같은 결론을 얻어냈습니다.

"이 물질은 햇볕을 쪼여 주지 않아도 X선을 방출하는 물질이다."

 사고하기

햇볕을 쪼여 주지 않아도 스스로 빛을 발하는 물질, 그것이 바로 방사성 물질입니다.

여태까지 우리는 어렴풋하게 방사성 물질은 무섭고 두려운 것이라고 알고 있었습니다. 그렇다면 정말 그러한지 그 실체를 찾아가는 여행을 한번 떠나 보도록 합시다.

1896년 베크렐이 발견한 방사성 물질은 우라늄의 화합물이었습니다.

그후 퀴리 부부에 의해서 우라늄보다 더 강력한 방사선을 외부로 방출하는 라듐이 발견되었고, 여러 사람들에 의해서 여러 방사성 물질이 발견되었습니다.

그 결과 원소의 주기율표상에서 원자 번호가 84번 이상의 위치에 배열되는 원소는 모두 방사선을 방출하는 물질, 즉 방사성 물질이라는 사실이 밝혀지게 되었습니다.

방사성 물질이 방출하는 방사선의 종류에는 알파 방사선, 베타 방사선, 감마 방사선이 있고 방사성 물질이 방사선을 방출하는 작용을 방사능이라고 합니다.

방사선 물질로부터 방출되는 세 가지 방사선은 서로 다른 특징을 가지고 있습니다.

알파 방사선을 모으면 헬륨 기체를 만들 수 있습니다. 그렇기 때문에 알파 방사선을 가리켜 고속으로 방출되는 헬륨 원자핵의 흐름이라고 합니다. 알파 방사선은 세 가지의 방사선 중 물질을 투과하는 능력, 즉 투과력이 가장 약합니다. 공기 중에서 알파 방사선의 투과력은 겨우 몇㎝ 정도에 불과합니다.

그리고 양(+)의 전하를 띠고 있는 알파 방사선은 전기장과 자기장에서 약간 휘어집니다.

베타 방사선은 음의 전하를 띠고 있기 때문에 베타 방사선을 가리켜 고속으로 흐르는 전자의 흐름이라고 합니다.

베타 방사선의 투과력은 알파 방사선과 감마 방사선의 중간 정도입니다. 공기 중에서 베타 방사선의 투과력은 수m 정도입니다.

그리고 베타 방사선은 전기장과 자기장에서 크게 휘어집니다.

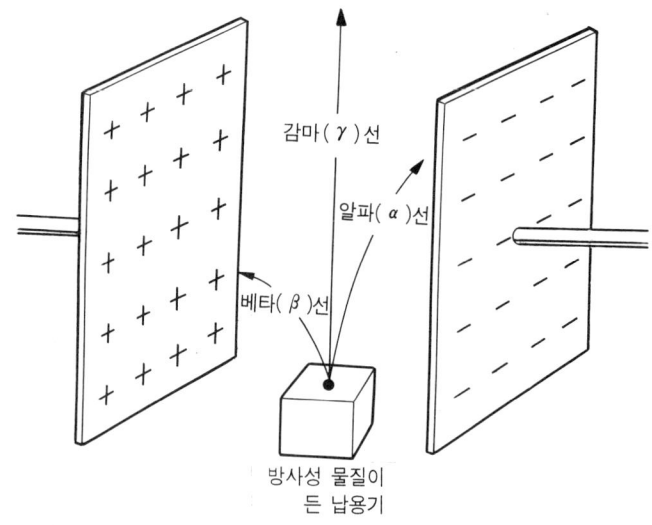

감마(γ)선

알파(α)선

베타(β)선

방사성 물질이
든 납용기

전기장 안에서의 방사선

감마 방사선은 전하를 띠지 않기 때문에 전기장이나 자기장으로부터 영향을 받지 않아 전기장이나 자기장의 어느 극쪽으로도 휘어지지 않습니다.

감마 방사선은 파장이 X선보다 짧은 강력한 파이기 때문에 감마 방사선을 가리켜 파장이 짧은 강력한 전자기파라고 합니다.

그리고 감마 방사선은 X선과 매우 유사한 성질을 가지고 있는 방사선으로서 투과력의 세기는 세 가지 방사선 중 가장 강력한데 보통 수cm 두께의 납을 뚫고 지나갑니다.

그렇다면 왜 방사성 물질은 알파 방사선, 베타 방사선, 감마 방사선과 같은 방사선을 외부로 방출하는 것일까요? 그 이유는 안정된 원소가 되기 위해서입니다.

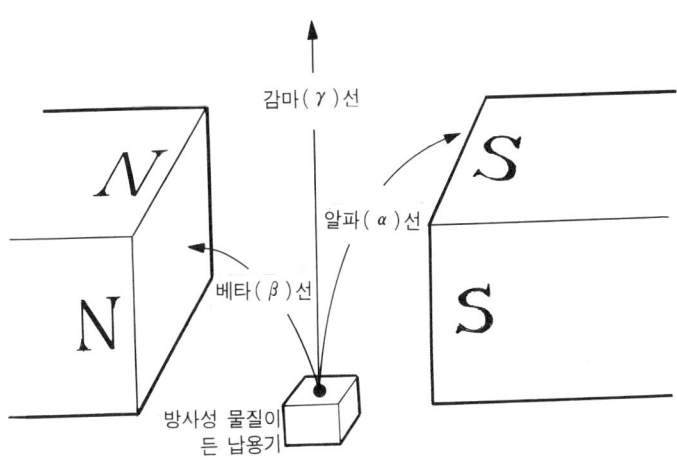

감마(γ)선

알파(α)선

베타(β)선

방사성 물질이
든 납용기

자기장 안에서의 방사선

원자 번호가 큰 원소의 원자핵은 불안정합니다. 그런데 자연의 섭리는 불안정한 상태보다는 안정된 상태를 더 선호합니다.

그런 이유로 방사성 물질은 알파 방사선, 베타 방사선, 감마 방사선과 같은 방사선을 외부로 방출하는 것입니다. 즉 좀 더 안정된 상태로 변하기 위한 몸부림으로써 방사성 물질은 방사선을 외부로 방출하는 것입니다. 이것을 방사성 원소의 붕괴 또는 방사성 원소의 변환이라고 합니다.

방사성 원소의 붕괴에는 원자핵이 알파선을 방출하는 알파 붕괴와 베타선을 방출하는 베타 붕괴가 있습니다. 또한 방사성 원소의 변환이 인위적인지 아니면 자연적인지에 따라서 이 변환을 인공 방사능 붕괴, 자연 방사능 붕괴라고 합니다.

그런데 방사성 원소가 방사선을 방출하는 데는 독특한 특징이 있습니다. 즉 방사능은 온도나 압력 그 밖의 어떤 상태에도 전혀 영향을 받지 않습니다.

 이 사실로부터 우리는 반감기라고 하는 매우 유용한 개념을 얻어낼 수 있습니다.

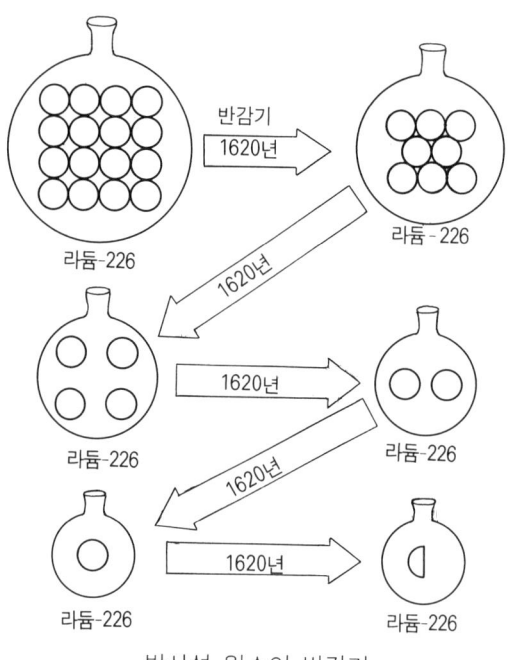

방사성 원소의 반감기

 반감기란 방사성 원소가 방사선을 외부로 방출한 뒤 방사성 원소의 양이 절반으로 줄어드는 데 걸리는 시간입니다. 그러므로 남아 있는 방사성 원소의 양을 정확하게 측정해 낼 수만 있다면 지질학적인 생물의 연대를 알아내는 것은 쉬운 일입니다.

 사실 이런 방법을 이용해서 공룡이 살았던 시대가 지금으로부터 몇 억 년 전이었으며 발견된 고대 유물이 몇 만 년 전의 것이었는지 알아낼 수 있습니다.

예를 들면 우라늄 - 238 ($^{238}_{92}U$)의 반감기는 약 45억 년이므로 수십억 년의 시간에 관계되는 자연 현상을 밝히는 데 이용할 수 있고, 라듐 - 226 ($^{226}_{88}Ra$)의 반감기는 약 1,620년이므로 수천 년 정도의 시간에 관계되는 자연 현상을 밝히는 데 이용할 수 있지 않을까요?

오늘날 방사선은 이외에도 많은 분야에서 이용되고 있습니다.

예를 들면 물체를 파괴시키지 않은 상태에서의 내부 검사, 암과 같은 악성종양 제거, 식물의 종자 개량, 에너지 분야 등에서 방사선이 널리 이용되고 있습니다. 이러한 일은 앞으로 더욱 가속화될 것입니다.

그러나 방사선이 인간에게 주는 혜택도 크지만 또 한편으로는 전쟁과 핵무기 개발에 이용되고 있습니다. 참으로 서글픈 일이 아닐 수 없습니다.

 탐구하기

문 폴로늄($^{210}_{84}Po$)은 1898년 퀴리 부부에 의해서 라듐과 함께 발견된 방사성 원소로서 퀴리 부인의 조국인 폴란드의 이름을 따서 명명되었습니다. 그런데 폴로늄은 자연 붕괴하여 납($_{82}Pb$)으로 변하게 됩니다.

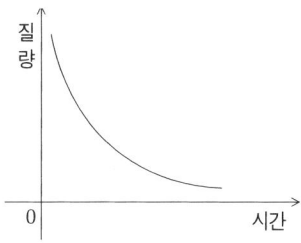

그러면 자연 붕괴하는 폴로늄의 질량이 시간에 따라서 그림과 같은 율로 변해 간다면 납의 질량은 시간에 따라서 어떻게 변하게 될까요?

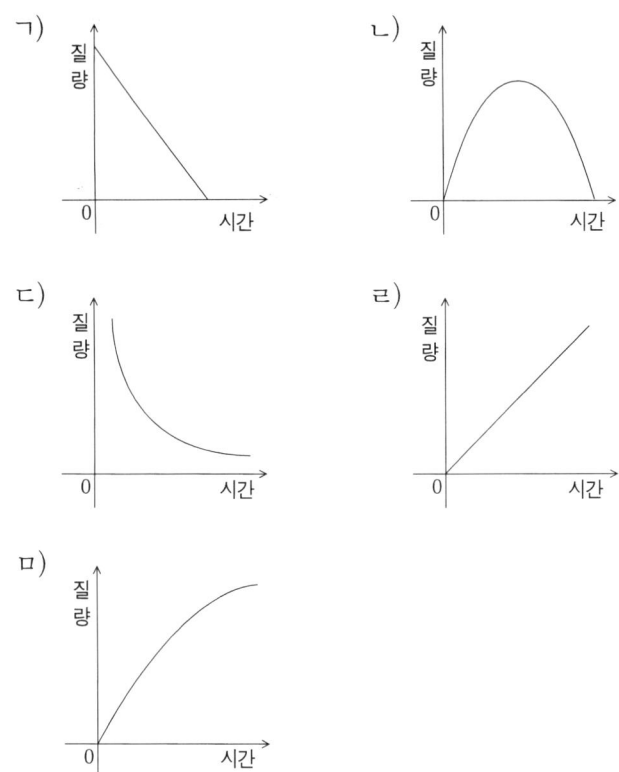

폴로늄이 감소하면 납의 질량은 증가하겠죠!

따라서 폴로늄의 질량이 시간에 따라서 지수함수적으로 감소해가므로 납의 질량은 로그함수적으로 증가하지 않겠어요? 꼭 이렇게 어려워 보이는 용어를 사용하지 않더라도 납의 질량 분포 곡선이 어떻게 되리라는 것은 쉽게 예측할 수 있을 것입니다. 따라서 정답은 ㅁ)입니다.

 다음의 그래프는 어떤 미지의 방사성 원소가 시간에 따라서 붕괴하는 양을 잘 보여 주고 있습니다.

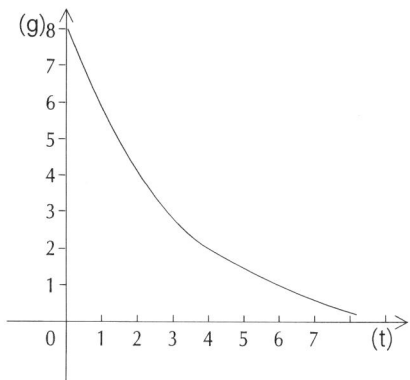

그러면 이 방사성 원소의 반감기는 어느 정도나 될까요?
ㄱ) 1시간 정도이다.
ㄴ) 2시간 정도이다.
ㄷ) 3시간 정도이다.
ㄹ) 4시간 정도이다.
ㅁ) 5시간 정도이다.

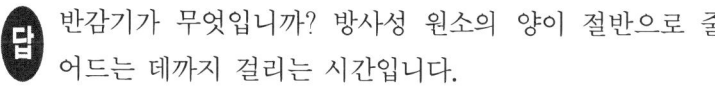 반감기가 무엇입니까? 방사성 원소의 양이 절반으로 줄어드는 데까지 걸리는 시간입니다.

그래프를 통해서 다음과 같은 사실을 알 수 있습니다. 처음에는 8g이었던 방사성 원소의 양이 4g으로 줄어들기까지는 약 2시간이 지난 후입니다. 그리고 4g이었던 방사성 원소의

양이 2g으로 변하기까지 걸린 시간도 약 2시간 정도가 지난 후 입니다.

또한 2g의 방사성 원소의 양이 1g으로 줄어드는 데 걸린 시간도 약 2시간 정도입니다.

그러니 이 미지의 방사성 원소의 반감기가 약 2시간쯤 되리라는 사실을 알 수 있습니다. 따라서 정답은 ㄴ)입니다.

● **좀더 알아봅시다**

지질 시대의 연대를 측정하는 방법에는 상대 측정 방법과 절대 측정 방법이 있습니다.

상대 측정 방법이란 지층의 생성에 관심을 기울이면서 지층의 생성 순서를 알아내어 지질 시대의 연대를 측정하는 방법입니다.

이 방법에 주로 이용되는 법칙에는 지층 누중의 법칙, 관입의 법칙, 부정합의 법칙, 동물군 천이의 법칙 등이 있습니다.

그리고 절대 측정 방법이란 지질학적 사건이나 지층이 생성된 시기를 숫자로 엄밀하게 표시한 것입니다. 이 방법에는 방사성 동위 원소의 반감기를 이용합니다.

방사성 원소의 반감기 T는 방사성 원소의 양이 붕괴되기 이전 N_0개였는데, t라는 시간이 흐른 뒤에 N개로 줄어들었다면 아무 의미가 없습니다.

관계식은 다음과 같습니다.

$$N = N_0 \left(\frac{1}{2}\right)^{\frac{t}{T}}$$

여기에서 t는 절대 연대가 됩니다.

궁극의 존재를 찾아서
― 원자 모형 ―

 이야기

19세기 말 영국의 물리학자 러더퍼드는 방사선이 발견됐다는 소식을 듣고 매우 흥분해 있었습니다.

'방사선을 이용해서 신비로운 원자의 비밀을 벗길 수 있지 않을까?'

그는 원자의 놀랍고도 심오한 세계를 밝혀 내기 위해서 방사선 연구를 계속했습니다.

이 당시 러더퍼드는 방사선에는 알파 방사선, 베타 방사선, 그리고 감마 방사선의 세 가지가 있다는 사실을 알고 있었습니다.

또한 원자 내부에는 원자 세계의 한 구성원인 전자가 존재하고 있으며, 이것은 음(ㅡ)의 전하를 띠고 있다는 사실이 이미 톰슨에 의해서 밝혀져 있었습니다.

이에 근거해서 러더퍼드는 다음과 같은 생각을 했습니다.

'원자는 전체적으로 중성의 전하를 띠고 있는데 원자 내부에 존재하는 전자는 음(ㅡ)의 전하를 띠고 있지 않은가? 그렇다면 원자 내부에는 양(+)의 전하를 띠고 있는 알려지지 않은 어떤 존재가 분명히 있어야만 할 것이다.'

러더퍼드는 자신의 생각을 증명하기 위해서 여러 가지 실험을 했습니다. 그가 한 실험은 아주 간단한 것이었습니다.

그는 얇은 금속막과 알파 방사선을 방출하는 방사성 물질을 준비한 다음 이 얇은 금속막에 알파 방사선을 쪼였습니다. 그랬더니 금속막을 통과한 방사선의 방향이 일정하지 않았던 것입니다. 즉 어떤 방사선들은 그대로 직진하기도 했고, 또 어떤 방사선들은 여러 방향으로 다시 퉁겨 나가기도 했습니다.

러더퍼드는 이 결과를 놓고 고민하기 시작했습니다.

'왜 금속막을 통과한 방사선의 방향이 똑같지 않을까? 방사선이 되퉁겨 나오는 이유는 무엇 때문일까?'

오랫동안 고민한 끝에 러더퍼드는 하나의 결론을 얻을 수 있었습니다.

"방사선이 되퉁겨 나온 이유는 원자 내부에 전자보다 훨씬 더 무거운 존재가 양(+)의 전하를 띤 상태로 있기 때문이다."

러더퍼드는 이것을 원자핵이라고 했습니다.

러더퍼드는 원자핵과 전자로 구성되어 있는 원자 내부의 세계에 대해서 다음과 같이 발표했습니다.

"양(+)의 전하를 띠고 있는 무거운 원자핵 주위로 음(−)의 전하를 띠고 있는 전자가 굉장히 빠른 속도로 회전하고 있다."

이렇게 해서 러더퍼드는 핵이 존재하는 원자 모형을 만들게 된 것입니다. 이런 다양한 연구 업적을 인정받은 러더퍼드는 1907년 노벨상을 받았습니다.

 사고하기

원자라는 개념의 기원은 고대 그리스 시대의 자연 철학자들로부터 찾을 수 있습니다.

우주의 근원적인 실체와 만물의 현상을 근본 문제로 삼은 그리스 자연 철학자들의 사색은 데모크리토스에 의해서 최고에 이르게 되었습니다.

데모크리토스는 스승인 레우키푸스의 원자설을 이어받아 원자론을 발전시키는 데 커다란 공을 세웠습니다.

데모크리토스는 생각했습니다.

'한 물체를 계속 자르면 어느 정도까지는 계속 잘려지겠지

만 결국 어느 한도에 이르러서는 더 이상 잘려지지 않는 그 무엇이 나타나게 될 것이다.'

이처럼 데모크리토스는 우주의 모든 물질은 물리적으로 더 이상 나눌 수 없는 작은 존재로 이루어졌다고 생각했습니다.

바로 이러한 생각에 기초하여 '모든 물질에 있어서 더 이상 작게 나눌 수 없는 가장 작은 입자'를 '더 이상 나누어지지 않는 최소의 입자'라는 뜻의 그리스 단어인 '원자(atoma)'라고 데모크리토스는 명명했습니다.

데모크리토스는 무수하게 존재하면서 무한한 공간을 끊임없이 운동하고 있으며 창조할 수도 없고 파괴할 수도 없는 영원 불멸한 존재가 바로 원자라고 했습니다.

그리고 데모크리토스는 원자 각각의 무게가 다르기 때문에 물체가 떨어지게 되는 것이고, 각 물체의 낙하 속력이 다르기 때문에 원자와 원자가 부딪히게 되는 것이라고 생각했습니다.

또한 그는 인간의 감각도 원자의 운동과 밀접한 관계가 있다고 생각했습니다. 즉 그는 비슷한 원자들은 비슷한 감각을 가지고 있기 때문에 원자들의 배열이 달라지면 감각도 달라지게 된다고 생각했습니다.

예를 들면 그는 미각은 물질의 원자가 혀의 원자와 접촉함으로써 만들어진다고 했습니다. 매운 음식물은 뾰족하고 울퉁불퉁한 원자들로 이루어져 있으며, 단 음식물은 부드럽고 매끄러운 원자들로 이루어져 있다고 생각했습니다.

그리고 데모크리토스는 인간의 영혼이 가장 섬세하고 완전한 공 모양의 원자들로 구성되어 있다고 생각했을 뿐만 아니라, 신과 악마도 인간과 마찬가지로 원자들로 이루어져 있다고 생각했습니다. 물론 데모크리토스의 원자에 대한 생각에는 비합리적인 요소가 많이 있기는 합니다.

그렇지만 지금으로부터 2500여 년 전에 이미 사물의 운동을 신이나 악마에 의해서 설명하려고 하지 않고, 원자의 운동이라는 자연의 법칙에 의해서 설명하려고 했던 데모크리토스의 생각은 훌륭한 것입니다.

그의 원자론 사상은 신과 인간을 동격시하는 반종교적인 것이라는 이유로 얼마 가지 않아 서구 사상의 주류에서 떨어져 나가게 되었습니다.

그러나 근대에 다시 돌턴에 의해서 원자론이 부활된 뒤 톰슨의 전자 발견과 러더퍼드의 원자핵 발견으로 이어지게 되었습니다.

러더퍼드가 원자 모형을 밝혀 내기 이전까지는 전자를 발견한 톰슨이 제안한 원자 모형이 큰 인기를 끌고 있었습니다. 톰슨은 원자가 전체적으로 중성을 유지하기 위해서는 원자를 구성하고 있는 전자들의 음($-$)의 전하량과 똑같은 양($+$)의 전하량이 원자 내부에 있어야만 한다고 믿고 있었습니다.

물론 이것은 당연한 생각이었습니다.

그러나 톰슨은 이것을 배열시키는 데 있어서 착오를 일으켰습니다. 즉 톰슨은 양($+$)의 전하를 띠고 있는 존재가 원자의 중심 부분에 뭉쳐 있다고 생각하지 않고, 전자와 함께 원자 내부에 골고루 분포되어 있을 것이라고 생각했던 것입니다.

이것이 톰슨의 커다란 실수였던 것입니다. 이 실수를 실험적으로 검증해 낸 사람이 바로 러더퍼드였습니다.

톰슨의 원자 모형은 원자가 전기적으로 중성이라는 사실을 명확하게 증명해 줄 수 있었습니다.

그렇지만 이 원자 모형은 러더퍼드 실험의 결과, 즉 금속막을 때린 방사선 중 일부의 방사선이 다시 퉁겨 나가는 사실을 정확하게 설명해 낼 수는 없었습니다.

　이것을 설명해 내기 위해서는 톰슨의 원자 모형을 약간 수정할 필요가 있었던 것입니다. 즉 양(+)의 전하를 띠고 있는 존재가 원자 내부에 띄엄띄엄 흩어져 있지 않고 한곳에 뭉쳐져 있다고 수정할 필요가 있었습니다.

　그러나 러더퍼드의 원자 모형도 완전한 것은 못 되었습니다. 그 이후로 원자 세계는 더 작은 입자들, 즉 중성자나 양성자와 같은 입자들로 이루어져 있다는 사실이 밝혀졌기 때문입니다.

　그럼에도 불구하고 우리가 여기에서 꼭 한 가지 명심하고 넘어가야만 할 것이 있습니다.

　톰슨의 원자 모형이 러더퍼드의 원자 모형이 나오기까지 영향을 준 공로는 인정하지만 결과적으로 톰슨의 원자 모형은 틀린 이론이고, 러더퍼드의 원자 모형이 옳은 이론이라는 사실입니다. 다시 말하면 톰슨의 원자 모형은 전자와 양(+)의 전하를 띤 존재의 배열 구조 그 자체가 틀렸기 때문에 완전히

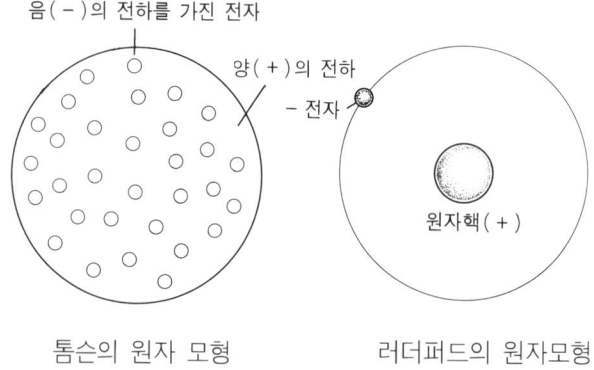

음(-)의 전하를 가진 전자

양(+)의 전하

- 전자

원자핵(+)

톰슨의 원자 모형　　　　러더퍼드의 원자모형

틀린 것입니다. 그러나 러더퍼드의 원자 모형은 그 자체가 최종적인 원자 모형이 아니라는 사실이 밝혀지기는 했어도 원자 내부의 중심에는 무거운 양(+)의 원자핵이 존재하고 있으며 그 주위로 전자가 회전하고 있다는 사실 그 자체는 옳습니다.

그러나 러더퍼드의 원자 모형이 최종적인 원자 모형으로 정착되지 못한 이유는 그 이후 여러 사람들에 의해서 원자핵 내부에는 이것보다 더 작은 입자들 즉 중성자나 양성자와 같은 입자들이 존재한다는 사실이 밝혀졌기 때문이었습니다.

그리고 이런 분위기는 아직까지도 물질의 최종적인 실체를 찾아내는 데 성공하지는 못했습니다.

현재 이 순간까지 물리학이 밝혀 낸 최소의 세계는 양성자, 중성자의 세계를 넘어서 이것보다 더 작은 세계인 '쿼크'라는 단계에까지 도달해 있습니다.

 탐구하기

 승우는 러더퍼드가 했던 알파 입자 산란 실험과 비슷한 실험 장치를 이용해서 다음과 같은 실험 결과를 얻었습니다.

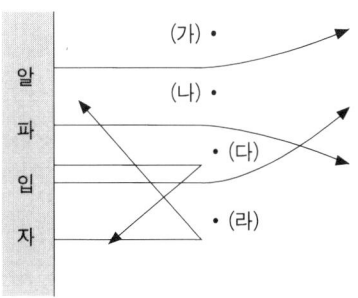

그렇다면 과연 무거운 원자핵이 존재한다고 생각되는 곳은
어느 곳일까요? 단 화살표는 알파 입자가 나아가는 방향입니
다.

ㄱ) (가)와 (나)
ㄴ) (가)와 (다)
ㄷ) (나)와 (다)
ㄹ) (나)와 (라)
ㅁ) (다)와 (라)

답 무거운 원자핵은 양(+)의 전하를 띠고 있습니다. 그리
고 알파 입자 또한 양(+)의 전하를 띠고 있습니다.

따라서 원자핵이 존재하는 곳에 충돌하게 되면 알파 입자는
매우 센 반발력을 받게 될 것입니다.

그렇다면 어떻게 될까요? 알파 입자는 옆으로 살짝 비켜 가
지 못하고 뒤쪽으로 크게 반발되어지지 않을까요? 그러므로
원자핵이 존재하는 위치는 알파 입자가 크게 뒤로 반발하는
(다)와 (라)의 위치임을 알 수 있습니다. 따라서 정답은 ㅁ)
입니다.

문 5명의 학생이 원자에 관해서 토론을 벌이고 있습니다.
다음 중에서 원자의 존재에 대해서 옳은 생각을 가지고
있는 학생은 누구일까요?

경례 : 백금과 같이 무거운 원자에는 너무나 많은 원자가 들어
      있기 때문에 빈 공간이 없다.
승우 : 지금까지 발표된 원자 모형 중 러더퍼드의 원자 모형이

가장 진보된 것이다.

세병 : 모든 원자는 음(−)의 전하를 띠고 있는 가벼운 전자와 양(+)의 전하를 띠고 있는 무거운 원자핵으로 이루어져 있다.

윤철 : 원자의 원자 번호는 양성자 수에 중성자 수를 합한 수와 같다.

정칠 : 원자라는 개념을 최초로 제안한 사람은 전자를 발견한 톰슨이다.

ㄱ) 경례

ㄴ) 승우

ㄷ) 세병

ㄹ) 윤철

ㅁ) 정칠

답 원자 번호가 커지면 그에 따라서 전자의 수, 양성자의 수, 중성자의 수도 많아지게 됩니다. 그렇지만 이것들의 크기는 원자와 비교할 수 없을 정도로 작기 때문에 원자 번호가 아무리 커지더라도 원자의 내부는 꽉 찰 수가 없습니다. 그러니 경례의 말은 잘못된 것이겠죠.

러더퍼드의 원자 모형은 원자핵의 존재만을 입증한 원자 모형입니다. 그러나 이것이 발표된 이후 원자핵 속에는 양성자와 중성자가 숨어 있다는 사실이 밝혀졌습니다. 그러니 러더퍼드의 원자 모형이 가장 진보된 원자 모형이라고 말한 승우의 말은 틀린 것이겠죠.

양성자의 수에 중성자의 수를 더한 수는 원자 번호가 아니라 질량 수입니다. 그러니 윤철이의 말은 진리로부터 벗어난 것이겠죠.

톰슨 이전에도 돌턴에 의해서 원자설은 주장되었으며 이들보다 훨씬 전에는 고대 그리스의 자연 철학자인 데모크리토스에 의해서 원자라는 개념은 벌써 제안되었습니다. 그러니 정칠이의 말 역시 역사의 진리와는 전혀 무관한 것임을 알 수 있겠죠.

그렇지만 세병이의 말처럼 모든 원자는 음(−)의 전하를 띠고 있는 가벼운 전자와 양(+)의 전하를 띠고 있는 무거운 원자핵으로 이루어져 있습니다. 따라서 정답은 ㄷ)입니다.

● 좀더 알아봅시다

전자는 원자핵 주위를 회전하고 있습니다. 그렇지만 전자가 제멋대로 원자핵 주위를 회전하는 것은 아닙니다. 전자는 일정한 규칙에 따라서 일정한 궤도를 회전하고 있습니다.

그런데 전자가 원자핵 주위를 회전하기 위해서는 일정한 에너지를 필요로 합니다. 전자가 가장 낮은 에너지 상태에 있을 때를 바닥 상태 또는 기저 상태라고 하며, 바닥 상태에 있던 전자가 높은 에너지 상태로 이동되었을 때를 들뜬 상태 또는 여기 상태라고 합니다.

일정한 궤도를 회전하고 있던 전자가 다른 궤도로 이동할 경우에는 전자가 에너지를 흡수하거나 방출하게 됩니다. 즉 궤도를 안정적으로 회전하고 있던 전자가 낮은 에너지 상태로 이동하게 되면 에너지는 방출되고, 전자가 높은 에너지 상태로 이동하기 위해서는 추가의 에너지를 흡수해야만 합니다.

전자가 원자핵 주위를 회전하고 있는 전자의 궤도를 에너지 준위라고 합니다. 에너지 준위 각각에는 고유한 명칭이 부여되는데 원자핵에서 가까운 쪽으로부터 1, 2, 3, 4,…… 또는 K, L, M, N,……으로 표시합니다.

이 K, L, M, N,……을 전자 껍질이라고 하는데 이 에너지 준위는 원자핵에 가까울수록 낮아지며 원자핵으로부터 멀어질수록 높아집니다. 즉 에너지 준위는 K⟨L⟨M⟨N……의 순입니다.

전자들은 에너지 준위가 낮은 K 껍질에서 L, M, N,…… 껍질의 순서로 채워지게 됩니다. 그런데 각각의 에너지 준위에는 전자를 수용할 수 있는 최대 한계가 있습니다.

K 껍질에는 2개의 전자, L 껍질에는 8개의 전자, M 껍질에는 18개의 전자, N 껍질에는 32개의 전자가 들어갈 수 있는데 K, L, M, N,……의 껍질을 1, 2, 3, 4…… 라고 할 경우 다음과 같은 규칙에 따릅니다.

$2n^2$

n은 전자 껍질의 번호입니다.

각각의 궤도가 최대한으로 이렇게 많은 수의 전자를 배치시킬 수 있지만, 각각의 껍질에 채워질 수 있는 전자의 개수는 8개를 넘지 않습니다. 즉 전자의 개수가 8개일 때 원자가 가장 안정될 수 있으며, 이것을 규정하는 법칙을 옥텟 법칙이라고 합니다.

그리고 가장 바깥 껍질이 꽉 채워지지 않았을 때 가장 바깥 껍질에 들어 있는 전자를 일컬어 최외각 전자라고 하며, 이것은 원자의 화학적 성질을 결정하는 데 중요한 역할을 합니다.

용광로의 온도가 이렇게 중요할 수가
― 현대 물리학의 탄생과 기여 ―

 이야기

   19세기 후반까지도 독일은 여러 개의 작은 국가로 분열되어 있었습니다. 이때 독일을 하나의 통일 국가로 만들 수 있는 기틀을 마련한 사람이 바로 철혈 재상 비스마르크였습니다.

   "철과 피로 통일 독일을 이룩하자"라는 가슴 섬뜩한 슬로건을 내걸고 비스마르크는 군비확장을 추진해 나갔습니다.

   이렇게 하다 보니까 무엇보다도 급한 것이 중공업을 발전시키는 일이었습니다. 비스마르크는 석탄과 철광 자원이 풍부한 도시를 중공업 도시로 육성 발전시켰습니다.

   또한 중공업 분야의 발전을 가속화하기 위해서는 학문 분야를 집중 장려할 필요가 있어 물리공학 국립연구소도 만들어졌습니다.

   이 연구소에서 주로 한 연구는 온도를 정확하게 측정해 내는 것이었습니다.

   철과 관련된 중공업을 육성 발전시키려다 보니 철을 녹이는 용광로가 무엇보다 필요했으며 용광로 속에 녹아 있는 물질의 온도를 얼마나 정확하게 측정해 낼 수 있느냐가 큰 문젯거리였습니다. 용광로 속에 녹아 있는 물질의 온도를 정확하게 측정해야만 양질의 철을 만들 수가 있었습니다.

200

그런데 용광로 속의 온도를 측정한다는 것은 단순히 수은 온도계를 꽂아서 측정해 낼 수 있는 것이 아니었습니다. 그러한 이유 때문에 물리학적인 정밀한 관측 방법이 요구될 수밖에 없었을 것입니다.

이 연구소에 있는 과학자들이 용광로의 온도를 측정하기 위해서 이용한 방법은 용광로로부터 방출되는 열이었습니다. 이것을 열복사라고 하는데, 열복사란 높은 온도로 가열된 물체가 빛을 외부로 방출하는 현상입니다.

온도에 따라서 물체의 색은 다릅니다.

예를 들면 타고 있는 양초의 안쪽과 바깥쪽 불꽃의 색이 다른 것은 온도가 같지 않기 때문입니다.

바로 이런 근거에 착안해서 이들은 열복사를 이용하려고 했던 것입니다.

이들은 연구소 안에 실험 용광로를 만들어 이것으로부터 방출되는 열이 온도의 변화에 따라서 어떻게 달라지는지 실험적으로 연구했습니다. 그리고 또 한편으로 이들은 용광로로부터 방출되는 열의 온도를 여러 가지의 물리학 이론을 동원해서 이론적으로 계산해 보았습니다.

그런데 놀랄 일이 일어났습니다. 실험적으로 측정한 용광로의 온도와 이론적으로 계산한 용광로의 온도가 일치하지 않았던 것입니다. 과학자들은 당황하지 않을 수 없었습니다. 별로 어렵지 않을 것이라고 예상되었던 것이 전혀 뜻밖의 결과를 만들어 냈기 때문이었습니다.

이 당시까지의 물리학 지식을 가지고서는 도저히 이 문제에 대한 해답을 내릴 수가 없었습니다. 한마디로 말해 고전 물리학은 용광로 앞에서 무너져 버리게 된 것입니다. 많은 과학자들이 이것을 설명해 내기 위해서 수개월 동안 애를 썼습니다. 그렇지만 그 모든 노력이 다 허사였습니다.

그러던 중 1900년 겨울의 어느 날, 베를린 대학의 물리학 교수였던 플랑크가 획기적인 이론을 발표했습니다.

이 이론이 왜 획기적이라고 하는지는 여기에 매우 기묘한 가설이 포함되어 있기 때문입니다.

그 가설이란 에너지는 연속된 것이 아니고 띄엄띄엄 떨어져 있다는 것입니다.

사실 용광로로부터 방출된 열 에너지가 연속적으로 이어져서 방출되지 않고 탁구공 같은 것들이 하나씩 하나씩 떨어져서 방출된다고 할 때 그 누가 이것을 쉽게 믿으려 할까요?

그렇지만 이 이론에 따라서 계산된 용광로의 온도와 실험적으로 측정한 용광로의 온도를 비교해 보니 일치하는 것이었습니다. 이것이 이 혁명적인 이론을 쉽게 받아들일 준비가 되어 있지 않던 그 당시의 과학자들을 놀라게 했습니다.

 사고하기

모든 학문이 다 그렇겠지만 물리학도 어떤 관점에서 분류하느냐에 따라서 매우 다양하게 나누어집니다.

그렇지만 물리학을 분류하는 데 있어서 절대로 빠트려서는 안 되는 분류 방법이 있는데 그것은 고전과 현대라는 시대적 구분입니다. 이것은 19세기 말에서 20세기 초를 그 경계로 해서 분류하는 방법입니다. 이 시대 이전까지의 물리학을 고전 물리학, 이 시대 이후의 물리학을 현대 물리학이라고 합니다.

그런데 이러한 구분 속에는 고전과 현대라는 단순한 시대적인 구분 이상의 것이 포함되어 있습니다.

단지 어떤 한 시점을 경계로 한 시대적인 분류라면 기원 전과 기원 후로 분류할 수도 있을 것이고, 서기 999년과 1000년을 경계로 해서 분류할 수도 있을텐데 왜 19세기 말에서 20세기 초를 경계로 했을까요?

19세기 말에서 20세기 초를 경계로 해서 물리학을 분류한데에는 그 속에 깊은 뜻이 숨겨져 있을 뿐만 아니라, 그 시기를 경계로 해서 대단한 사상적인 변혁이 있었기 때문입니다.

19세기까지 물리학 세계를 완전히 뒤흔들고 있었던 사상은 뉴턴의 물리학 사상이었습니다. 바로 이런 이유 때문에 고전 물리학을 뉴턴 물리학이라고도 합니다.

19세기 물리학자들은 다음과 같은 말을 감히 서슴지 않고

했습니다.

"물리학은 이제 완성된 학문이다."

"물리학에는 이제 더 이상 손댈 것이 없다."

그러나 19세기 말에서 20세기 초에 이르는 기간 동안 그렇게 호언장담하던 그 당시의 물리학자들이 설명할 수 없었던 새로운 자연 현상들이 여기저기에서 툭툭 튀어나오기 시작했습니다.

용광로의 온도 문제도 그런 예 중의 하나입니다.

이렇게 됨으로써 19세기까지 아무 탈 없이 내려왔던 뉴턴 물리학 즉 고전 물리학은 한계성을 드러내게 되었습니다.

그래서 그 당시의 물리학자들은 절대적인 우주의 진리라고 여겼던 뉴턴 물리학적 지식을 가지고서는 자연의 삼라만상을 설명한다는 것이 불가능하다는 사실을 시인할 수밖에 없게 되었습니다.

이러한 어려운 문제들을 해결하기 위해서 새롭게 나타난 것이 바로 20세기의 현대 물리학입니다.

한마디로 말해서 물리학에 있어서의 새로운 시작은 바로 20세기의 시작과 함께 문을 열었습니다. 물리학자들이 19세기까지 풀지 못했던 문제들이 20세기의 시작과 함께 그 해결의 실마리를 찾기 시작한 것입니다. 이러한 실마리에 결정적인 역할을 한 사람이 바로 플랑크와 그 유명한 아인슈타인입니다.

플랑크는 양자 역학, 아인슈타인은 상대성 이론으로 물리학 이론의 문을 열어 놓았습니다.

그렇다면 왜 19세기에 과학자들은 이것을 발견해 내지 못했을까요?

그것은 고전 물리학과 현대 물리학이 생각하고 다루는 분야가 달랐기 때문입니다.

고전 물리학이 다루는 분야는 우리가 쉽게 보고 느낄 수 있는 자연 현상들입니다. 그렇지만 현대 물리학이 다루는 분야는 우리의 상식적인 생각과 행동으로부터 완전히 벗어나는 비상식적인 세계입니다.

그런데 19세기 물리학자들은 눈으로 볼 수 있고 느낄 수 있는, 즉 상식적인 생각과 행동으로 상식적인 개념과 사고가 통하지 않는 그런 세계의 자연 현상을 설명하려고 했으니 먹혀들지 않은 것은 당연한 것이었습니다.

그러면 간략하게나마 양자 역학과 상대성 이론이 고려하는 주요 대상이 무엇인지 알아보도록 합시다.

양자 역학은 원자보다 더 작은 입자들의 세계를 탐구하기 위해서 만들어진 이론입니다. 19세기까지 물리학자들은 모든 물질을 구성하고 있는 존재 중에서 가장 작은 것이 원자라고 생각했습니다.

그런데 20세기의 시작과 함께 이 작은 세계에도 혁명의 바람이 불어닥치기 시작했던 것입니다.

전자, 원자핵, 중성자, 양성자가 발견된 것입니다. 이런 세계, 즉 원자보다 더 작은 전자, 중성자, 양성자가 활동하는 세계의 오묘함을 파헤치기 위해 필요한 이론이 바로 양자 역학 이론입니다.

한편, 상대성 이론은 굉장히 커다랗고 빠른 세계를 탐구하기 위해서 만들어진 이론입니다.

우리가 지금까지 알고 있는 가장 큰 존재는 우주입니다. 그런데 우주를 탐험하기 위해서 반드시 필요한 것은 빛의 속력입니다. 왜냐하면 우주란 그 크기를 상상할 수 없을 정도의 커다란 존재이기 때문입니다.

우주 속에서 빛의 속력으로 달리다 보면 지구에서는 상상할 수도 없었던 기괴하고 신비스러운 현상들이 수없이 나타나게 되지 않을까요?

예를 들면 길이가 줄어든다든지 질량이 증가한다든지 시간이 더디 간다든지 하는 것들 말입니다.

바로 이런 세계의 신비를 파헤치기 위해서 만들어진 이론이 상대성 이론입니다.

현대 물리학은 고전 물리학으로서는 도저히 취급하거나 생각할 수도 없는 초감각적인 삼라만상의 자연 현상을 취급하면서 극과 극의 세계를 다루는 학문으로 성장했습니다.

그렇다면 현대 물리학이 이룩한 업적은 어디까지 미치고 있을까요?

20세기에 들어오면서 찬란한 그 모습을 드러내기 시작한 현대 물리학이 물리학 분야에 이바지한 공로는 말로 다 표현하기 힘들 만큼 대단한 것입니다. 그러나 현대 물리학이 기여한 분야는 물리학 그 자체에만 국한되지 않습니다. 즉 현대 물리학은 물리학 이외의 다른 학문과 사회 각 분야의 구석구석까지 큰 영향력을 끼쳤습니다.

즉, 전자 시대라고 일컬어지는 오늘이 있기까지의 공로자들인 진공관, 트랜지스터, 반도체, 컴퓨터 이 모두가 물리학의 강력한 힘을 얻고서 만들어진 것들입니다.

전자 공학은 현대 물리학이 발전함에 따라서 전문적이고 실용적인 하나의 곁가지 학문으로서 발전하게 되었습니다.

사실 오늘날의 문명을 이끌어 나가고 있고 앞으로의 미래 문명 또한 이끌고 나갈 전자 공학은 현대 물리학의 탄생이 없었다면 이 세상에 그 모습을 드러내지도 못했을 것입니다.

그리고 현대 물리학의 파장은 전자 공학과 같은 무생명체의 분야에만 파급된 것이 아니라 생명체를 다루는 분야에까지도 미쳤습니다.

이런 일은 현대 물리학이 탄생되기 이전에는 도저히 상상도 할 수 없는 일이었습니다.

20세기 이전까지 물리학이 취급했던 대상은 생명체에서 일어나는 현상과는 동떨어져 있었습니다.

그렇지만 20세기에 들어오면서 상황은 완전히 뒤바뀌어 현대 물리학은 보다 본질적인 생명체의 연구에 큰 기여를 하게 되었습니다.

그 결과 근래에는 생물 물리학이라는 새로운 학문이 하나의 전문 분야로서 자리잡게 되었습니다.

이제 현대 물리학은 "저 별은 왜 빛을 발하고 있는 것일까?"라는 무생물적인 자연 현상만을 연구하는 범위에서 벗어나 "인간은 어떤 유전적인 원리하에서 만들어진 존재일까?"라는 생물적인 자연 현상을 연구하는 데에 있어서도 반드시 필요한 분야로 인식하기에 이르렀습니다.

 탐구하기

 다음과 같은 여러 현상들 중에서 반드시 현대 물리학의 이론으로만 설명할 수 있는 것은 어느 것일까요?

ㄱ) 자동차가 일정한 가속도로 움직인 후 브레이크를 밟아 정지하기까지 운동한 거리

ㄴ) 고정 도르레 양쪽에 매단 질량이 다른 물체를 잡아당기

는 실의 장력

ㄷ) 마루 위 2m의 높이에서 떨어뜨린 공이 마룻바닥과 충
    돌했을 때 공과 마루 사이의 반발 계수

ㄹ) 공전 주기가 1일인 인공위성을 쏘아 올리기 위해서 고
    려해야 할 인공위성의 공전 궤도 반지름

ㅁ) 파장이 일정한 방송국에서 방출하는 전자기파의 광량자
    한 개의 에너지

답 자동차의 운동 거리, 물체를 잡아당기는 실의 장력, 공
과 마루 사이의 반발 계수, 인공위성의 공전 궤도 반지
름은 모두 고전 물리학의 이론을 가지고서도 충분히 설명할
수가 있습니다.

그렇지만 광량자의 에너지는 반드시 현대 물리학의 이론을
사용해야만 해결할 수 있습니다. 따라서 정답은 ㅁ)입니다.

문 현대 물리학은 크게 양자 이론과 상대성 이론으로 나눌
수 있습니다. 그러면 다음의 현상 중에서 상대성 이론을
적용하지 않고도 설명이 가능한 현상은 어느 것일까요?

ㄱ) 광속의 99%로 날아가는 우주선에 탄 철수가 느끼는
    시간

ㄴ) 광속의 90%로 운동하는 로켓의 길이

ㄷ) 수소 원자가 가장 낮은 에너지 상태에 있을 때 전자의
    회전 속력

ㄹ) 자동차가 광속의 95%로 달려간다고 가정했을 때 자동
    차의 질량

ㅁ) 원자 폭탄으로부터 방출되는 막대한 에너지

답 물체의 속도가 광속에 근접한 경우에는 반드시 상대성 이론을 적용해야만 합니다. 따라서 광속에 근접한 속도로 운동하는 물체의 시간, 길이, 질량은 반드시 상대성 이론을 적용해야만 합니다.

굳이 이 경우의 현상들에 상대성 이론을 적용하는 이유는 물체의 시간, 길이, 질량이 광속에 근접한 속도로 운동하게 되면 변하기 때문입니다. 좀더 구체적으로 말하면 시간은 느려지고, 길이는 수축하고, 질량은 증가하게 됩니다.

그리고 원자 폭탄으로부터 방출되는 막대한 에너지 또한 상대성 이론으로 계산됩니다. 이때 적용하는 원리가 있는데 이 것을 질량과 에너지의 등가 원리라고 합니다.

그러나 이것들에 반해서 수소 원자가 가장 낮은 에너지 상태에 있을 때 전자의 회전 속력은 현대 물리학의 또 다른 이론인 양자 이론으로 설명이 가능합니다. 즉 이것은 보어의 이론으로 설명이 가능합니다.

● **좀더 알아봅시다**

현대 물리학을 떠받치고 있는 2개의 이론인 양자 이론과 상대성 이론에는 2개의 중요한 상수가 있습니다.

이것은 플랑크 상수라고 하는 것과 빛의 속도입니다.

빛의 속도가 $300,000 km/s$라는 사실은 알고 있으니 여기에서는 플랑크의 상수에 대해서 알아봅시다.

플랑크 상수는 일반적으로 h로 표시하는데 이 상수의 값은 다음과 같습니다.

$$h = 6.626 \times 10^{-34} J \cdot s$$